U0115718

不被定义

高琳 著

No Limits

CTS 湖南文艺出版社
HUNAN LITERATURE AND ART PUBLISHING HOUSE

博集天卷
CS-BOOKY

NO
LIMITS
不被定义

从力不从心到游刃有余

42 岁那年，我离开跨国公司开始创业。很多人都说我那是一个华丽转身，但其实过程一点也不华丽。从心动到行动，我前前后后拖了两年多，反复纠结，怕岁数太大了，怕离开了公司养活不了自己，怕自己根本就不是创业的料……最后我算了一笔账：

如果 20 年足以让我从职场新人成为高管，那就算我 42 岁从零开始，再花 20 年应该也可以在一个新领域从新手成为"专家"吧？

在这笔账里，我有两个假设：

第一，我赌自己应该能活得足够长，且身体足够好；

第二，我赌人一生中，可以从事两到三个不同的职业——不是不同的工作，而是完全不同的职业。

在当时，这只是我的一个非常任性的直觉，后来我找到了这份直觉的理论依据，叫作"职业第二曲线"。

职场长期主义

我想先给你看一组来自《百岁人生》这本书中的数据：

如果你在 1977 年出生，那么有 50% 的可能性你能活到 95—98 岁；

如果你在 1987 年出生，那么你可能活到 98—100 岁；

而如果你在 1997 年出生，那你很有可能活到 101—102 岁。

这不是科幻，而是科学。人类在生命科学领域的不断探索让我们的寿命不断延长。但活得久真的是好事吗？不一定。

首先，活得越久，花钱越多。最糟糕的是人没老死，先穷死了。

其次，活得越久，变数越多。想想看，在过去的几年，新冠疫情、股市熔断，有多少黑天鹅事件^①是之前完全意想不到的？

最后，活得越久，想得越多。我们这一代人活得很纠结。像怎么才能找到更有意义的工作及怎么才能活得更精彩等问题，都是一个人满足了生存需求之后才开始思考的问题。而古时候的人，可能活不到 40 多岁，所以根本来不及纠结这些问题。

当我们带着百岁人生的预期重新看待自己的职业生涯时，就会有一种全新的视角。

我们必须拥抱长期主义，在职场路上持续为自己积累有形资产和无形资产，比如财富、经验、人脉，并且不断优化自己的投资

---

① 黑天鹅事件：指罕见且极难预测的事件，突然发生时会引起连锁反应，并带来巨大的负面影响，产生严重后果。——编者注（以下若无特殊说明，均为编者注）

组合，做好不断转型、迭代的准备，否则长寿给我们带来的不是礼物，而是诅咒。

长期主义意味着不必只争朝夕，稍微有个风吹草动就焦虑到不行。尤其是对女性来讲，本来平均寿命就比男性长，职业发展的路其实是很长的。

在这条漫长的职业发展之路上，我们有时需要跑起来，有时可能只需要慢慢走，享受一路的风光。就算有时会被生育等家庭责任打乱节奏必须停下来，那又怎样呢？一段职业生涯的结束，不意味着你就要从发展的轨道上脱轨，它不过是你职业发展的一个节点而已。

节点不一定就是终点，也可以成为拐点。

我的一个朋友，非常能干，生完孩子在家做了两年多的全职妈妈，很多人都为她可惜。但后来她成立了自己的工作室，专门为小企业主做品牌咨询，做得非常好。

你的优势就是你的优势，并不会因为你生了孩子就没了，否则只能证明那个优势本来就不存在。

我在 42 岁时重新开始，没用 20 年就在新领域站稳了脚跟，不仅成了国内最贵的高管教练之一，还创立了"有意思教练"平台，帮助成千上万的职场人通过教练找到了自己人生的答案。在 50 岁这一年，我已经开始规划自己的职业第三曲线了——投资女性，帮助更多女性在事业、副业和创业中活出她们的精彩。

所以，你看，职场女性的花期，真的远比你想象的要长很多很多。

谁说女性就一定要被生育、年龄所定义？

只要你不下牌桌，就有机会翻盘。

只要你不放弃自己，没人会放弃你。

工作和生活的最佳组合

创业是一条少有人走的路，很多人都问过我，有没有后悔过。答案是肯定有，但时间不超过一分钟吧。当你活出了你认为最重要的价值时，你也许活得辛苦，但你活得不拧巴。

问题是，我们总是想用努力工作来换取美好生活，结果一辈子把自己耗在不喜欢、不擅长的工作中，耗到最后都没有享受美好生活的心气了。

当你带着投资思维来看待自己的职业发展时，就会发现"工作和生活的平衡"其实是个伪命题，你会把工作和生活当作自己的资产来管理。

工作和生活就像是你篮子里不同的股票，如果你买过基金就知道，其实你并不在意篮子里每只股票的短期收益，你只在意这些组合的长线回报。有时候，你需要调整一下激进型和稳健型股票的配比，以求收益最大化。但哪儿有什么正确的配比？谁又会在意它是否平衡？只要最终能让你实现价值最大化就行了。

这就是为什么今天越来越多的职场女性再也不想在"工作和生活的平衡"上浪费时间了。因为她们逐渐意识到自己要的并不是工作和生活的平衡，而是工作和生活的最佳组合和由此带来的总价值——金钱、财富、话语权和影响力，以及对生活的掌控感。

正是因为没有足够的存在感、话语权和影响力，在家里家外，活干得不比别人少，钱却拿得不比别人多，她们才觉得自己不平衡，所以才到处找平衡。

有一次我在跟得到 CEO 脱不花聊天的时候，她很纳闷地说："为什么时代发展到今天，很多职场女性还是会陷入我们那辈人的瓶颈？"

我想可能是因为太多人只跟女性讲工作和生活的平衡这类话题，却鲜有人告诉女性如何在职场上大胆地追求权力，建立关系，打造自己的地盘，毫无愧疚感地说"不"。

用杠杆撬动实力，成为自信的你

我曾经支持一家企业做一个女性领导力的项目，在和学员沟通的时候，我发现很多女性在怀孕、生娃之后再回到单位，都会陷入一段低谷期。

她们不是因为工作和生活的平衡问题而烦恼，而是产假期间工作被重新分配，回归之后，空虚感和缺乏存在感在困扰着她们。

于是，她们拼命用努力工作来找回存在感。然而再努力，她们都感觉自己就像小仓鼠跑轮一样，始终在原地踏步。

听她们讲这些故事的时候，我其实很心疼。我见过太多兢兢业业的职场人，尤其是职场女性，都陷入了"习惯性辛苦"。

她们应对所有职场问题都是用"努力努力更努力，死磕死磕再死磕"的方式，学这学那，拼命去提升自己的实力。其实不是你实力不够，而是你缺乏"杠杆思维"，从而让你显得实力不够。

会干，但不会说，因为人们总是告诉你要低调，拿结果说话。可惜结果从来都不会说话，那些更会说的人，反而拿到了更多的结果。

能干，但不能推销自己，结果干了半天，在别人心目中就是个"干活"的。

会建立关系，但不会使用关系，最后还是一个人扛起所有事还干不好。

实力强，气场弱，镇不住别人，自然就没有话语权，也显得不自信。

不惜力，但不会借力，只知道使蛮劲，却不知道怎么使巧劲。

这都是缺乏"杠杆思维"的表现。

在投资中学会合理使用"杠杆"来做乘法，可以实现以小博大。当然前提是你有一定的"本金"——专业技能、学历资质等，这些硬实力是你的起点。而个人影响力就是你最重要的杠杆之一。当把你的硬实力与个人影响力相结合时，你就能借助杠杆之力实现以小博大，成为更自信的你。

凡人求果，智者求因。财富、成就及由此带来的自由和掌控感是个人实力和影响力的结果。在这本书的第一部分，我们就来看看财富的本质，如何理解权力，又该如何通过打造人脉关系、个人品牌、有效沟通和强大气场来建立个人影响力。

直面内心的声音，成为自洽的你

有了财富、成就，就有了对生活的"掌控感"吗？

在过去的几年，我辅导了很多高管，尤其是女性高管。她们有钱有权，也还是会焦虑于自己不够好。

包括我自己，作为一个有一定影响力的知识 IP（知识产权），我也会有无力感，夜深人静的时候，躺在床上也会纠结：哎呀，我到底是不是一个好妈妈啊？我是不是不应该在孩子最需要我的时候创业啊？我挣钱比我老公多，他会怎么想啊？……

作为女性，我们经常会陷入完美主义，总觉得自己还不够好，于是不停地鞭策自己，取悦他人……所谓"追求卓越"，其实是"心力"不足的表现。

"心力"是一个含义丰富的词，泛指一个人的"内在力量"，也就是我们应对外在世界时自己内心的力量。

如果说实力是起点，影响力是杠杆，那么心力就是那个"撬动点"。

心力强大的人通常很自洽，对自己想要什么很笃定，不会轻易被外界诱惑和干扰，有勇气做出艰难的决定，既能追求卓越，又不会被完美主义困扰，活得不纠结，没有那么多的内耗。用我们教练的话说就是拥有"核心稳定性"。

想要变得内心强大，就必须做减法。你需要学会识别并且干掉你的"心魔"，就是每天你脑袋里那些反反复复出现，不停地念叨你的小声音。尤其是当你想要尝试做一些改变的时候，"心魔"就会跳出来对你冷嘲热讽。而当你失败的时候，它又会幸灾乐祸地嘲笑你。

比如，我当年读博士的时候，脑子里就会冒出一个声音："哎呀，都这个岁数了还去念书，算了吧，女人啊，还是要先把孩子照顾好……"结果呢，我在念书的时候想着孩子，照顾孩子的时候又想着论文，无比焦虑。

再比如，公司有个新项目，你很想尝试一下，但又担心自己做不好会出丑，那就索性放弃吧。但你真的接受这个结果吗？并没有，于是一边想放弃，一边焦虑。

很多时候，我们并不是被自己的能力限制住了，而是被自己的"心魔"劫持了。

每个人都有"心魔"，不分男女。女性常见的"心魔"包括：

· "我不够好"——无论做得多好都觉得自己不够好，不自信，这是引发其他"心魔"的核心。

· "完美主义"——要么不做，要做就要做到最好。

· "玻璃心"——我的一切都必须被尊重，说不得。

这些"心魔"属于自己跟自己过不去。

· "顺从取悦"——我必须努力让所有人都喜欢我。

· "控制强势"——一切都得按照我的计划和安排进行。

这些"心魔"则属于自己跟别人或者环境瞎较劲。

"心魔"是一种习惯性恐惧，也是一种潜意识中内心对话的特定模式。但好消息是，"心魔"有一个致命的问题，那就是它"见光死"。

只要我们看见这个"心魔"，就有可能化解它，而不被"心魔"所定义。而作为教练，我的工作就是通过深度的聆听、有力的提问，帮助被教练者看到自己的"心魔"，并且激发他自己的内在智慧来打败"心魔"。

在这本书的第二部分，我会帮你探索"心魔"背后的原因，给出方法，并且通过每一章后面的掌控力练习，帮你找到属于你自己的答案，成为更自洽的你。

精力充沛，知行合一，成为更自在的你

看到这儿，你可能会说：我每天能勉强把工作做好，回家把饭端上桌就不错了，哪儿有时间和精力去干这么多事？

的确，说到"力不从心"，这个"力"既是能力、实力，也是精力。

一个人精力的多少、质量、集中程度和力度，会影响到我们做事的效果。然而，精力管理却经常被人们忽略，很多人总觉得自己的时间不够用，以为把时间管理好就万事大吉了。

可就算你把时间管理得井井有条，但是在该工作的时候没有精力做事，该学习的时候没有精力去学习，甚至该休假的时候都没有精力去玩，就想回家躺着，那你把时间管理得再好，也没解决实际问题。

事实上，你要管理的不是时间，而是精力。

这里说的"精力"并不仅仅指体能上的，在我看来，更准确的描述是一个人的"精""气""神"——体能、情绪、精神。

"精""气""神"三者之间是相互滋养、相互促进的。"人由气生，气由神往"说的就是这个意思。反之也是如此。

所谓"精力管理"，其实就是一个简单的数学运算，怎么能在忙碌的生活中，让自己的"精""气""神"保持平衡，从而让我们有足够的能量做自己想做的事。

随着年龄的增加，体力下降，新陈代谢变慢，再加上生育带来的影响，女性如何在有限的时间内，通过饮食、睡眠、运动，最大限度地提升自己的"精"呢？

面对工作和生活中发生的问题，女性如何能让自己的"气"聚且不散，专注于当下，不被情绪干扰呢？

你有没有发现，当生活没奔头的时候，就算身体棒棒的，谁也没招你惹你，但你就是没神。如何找到令人心驰"神"往、充满激情的事情，让自己充满动力呢？

这才是真正意义上的精力管理。

我从小就精力旺盛，不吃不喝不睡，把大人都熬蔫儿了，自己还支棱着。我从来没想到，长大以后，这讨人嫌的毛病反倒成了我最大的优势之一。

我也越来越发现，其实在职场上拼到最后，拼的不是别的，而是精力。精力，才是一个人最持久的竞争力。

我的团队经常因为我精力太充沛而头疼，他们跟不上我的节奏，说我是"喝航空燃油的永动机"。在这本书的第三部分，我会跟你科学地分析怎么才能让你的"发动机"转得更快、更省油，持续提升你的"续航力"。

内心强大、精力旺盛的人，心之向往，行必将至。

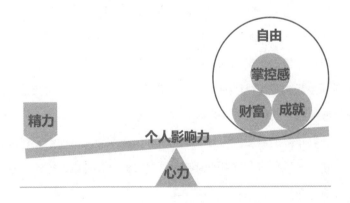

作为教练，我的工作是通过深度对话，跟被教练者建立平等的伙伴关系，帮助被教练者找到自己的答案，从而发生改变。这本书里有一些我自己的经历，但更多的是经过模糊处理的学员和被教练者的真实案例。世界是复杂的，个人经历并不具备太多的可复制性，只有真实、多元的案例，才有说服力。

我做培训的时候，会给学员"道""法""术"——道，是原则；法，是能力；术，是方法。而我做教练的时候又讲究启发、提问，不要直接给答案。在这本书里，我尽量做到两者兼顾，因为每个人都有很多内在智慧，只是暂时还没找到开启的方法，或者被"心魔"蒙蔽了双眼。我希望，你读这本书的过程，就像是我跟你聊天的过程，但前提是，你要对我打开心扉。

好了，你准备好开启这段自我探索之旅，成为那个不被定义、闪闪发光的你了吗？

Part *1* **自信：**
找到杠杆，拥抱财富和权力

Part 3 自在：
安顿自我，保持能量满格

自信：

找到杠杆，拥抱财富和权力

NO LIMITS

01

你和金钱的关系，决定你能挣多少钱

> 女人啊，如果你可以在金钱和性感之间做出选择，那就选金钱吧。当你年老时，金钱将令你性感。
>
> ——凯瑟林·赫本（Katharine Hepburn）

我曾经在学员里做过一个问卷调查：

1.有钱对你来讲意味着什么？

答案都差不多：意味着可以孝敬父母，可以去旅游，享受生活……

有钱意味着可以不用为现实操心、妥协，有较高的生活质量，而不是为生存挣扎。

有钱就有选择、尊严、安全感，可以成就他人，可以做自己喜欢的事。

2.你怎么形容你和钱的关系?

这个答案可就五花八门了。

有人说:钱和我就像是潺潺小溪和去喝水的小鹿,我渴了可以去喝水,但是不能全喝掉。为什么是小溪而不是江河大海呢?可能是因为自己的见识和赚钱的能力还不够。

也有人说:钱就像我一直暗恋的对象,我天天想他,但他总是对我爱搭不理,每个月只给我一点例行、有限的恩惠。

还有人说:我和钱就是风筝和线的关系。我觉得我有翅膀,没线也可以飞,为什么要受线的束缚呢?但是我太高估自己的能力了,真遇到事情的时候,我还是需要线的牵引。

这个问题巧妙地用到了教练技术中的"隐喻"技巧,由此可以看出一个人在潜意识层面的思考。你也可以问问自己这个重要的问题。

一个人和金钱的关系就是他的"金钱观"。和任何一种关系一样,你只有和金钱建立一种健康的关系才能挣到钱并且享受钱给你带来的乐趣。

如果"钱"让你变得更好了,更幸福了,你也让"钱"发挥了它最大的价值,那么这样的关系就是一种相互成就的关系。

但如果你每天都因为没钱而愁眉苦脸,对钱以及有钱人充满了仇恨和嫉妒,或者你有钱但没有享受钱带给你的快乐,没有把钱花在应该花的地方,那你和钱的关系就是不健康的。

改写你的金钱剧本

在《让女性受益一生的理财思维》这本书中,作者认为每个人都有自己的金钱故事，或者也可以称之为金钱剧本——它是你小时候关于钱的记忆和经历。

这并不是你小时候家里有没有钱的问题，而是钱带给你的感受，以及你父母在花钱、理财过程中给你带来的体验。

除了成长经历，社会传统也对我们的金钱观的塑造有很大影响。在传统文化中，女性如果很直白地说想要追求财富，就会被人贴上"贪婪""不知足"的标签，甚至有人会觉得"想嫁个有钱人"，都比"我想要搞钱"更让人容易接受。

这就是为什么很多女性羞于谈钱，和金钱的关系也显得若即若离。

我以前也是这样的。我生长在一个知识分子家庭，从小到大的环境让我一直觉得钱是个"脏东西"，有钱人都没安什么好心，只有念书才是正途。

于是一路读书，在美国MBA（工商管理硕士）毕业工作后，我发现相当一部分美国人银行卡里没有超过3个月的存款，信用卡欠的债倒不少。如果不幸赶上公司裁员，随时面临卖房子的境地。所以，一到公司业绩不好的时候，很多同事连大气都不敢喘，生怕跟老板有了目光接触，下一个被裁的就是自己。这种基于安全感而活的情况，就是基于恐惧而活。

虽说那时年轻的我还不知道什么叫财富自由，但我隐约知道我想要有一笔"去你的"的钱，意思就是哪天公司要裁我的时候，我能说："去你的！还轮得到你裁我？我裁你还差不多！"或者也不用等公司裁我，就是干得不爽了，我随时都能翻着白眼跟老板说："去你的，我不干了！"

钱，能带来尊严。

在这之后不久发生的另外一件事，让我意识到财富自由的重点并不在财富，而是在"自由"。

我的一个朋友，在美国工作的第二年，他父亲肺癌晚期，医院发了病危通知，他赶紧请假回北京。医生把他父亲从生死线上给拉回来了，但他却为难了。本来跟公司请了两周假是打算办完丧事就及时回去的，现在人救回来了当然很好，可他该怎么办？是留在国内照顾父亲，还是回公司？左思右想，他还是按照计划在两周后回了美国，结果刚回去他父亲就去世了，但他假期也用完了，不可能再回来了。

发生在我身边的类似这样的故事还有不少，很多去大城市打拼的人也面临着同样的问题。让年迈的父母留在老家独守空巢已经于心不忍，可如果连父母去世的时候都无法在身边送上一程，就太让人难以接受了。

钱，能带来自由。

从那时候开始，我就成了一个"爱钱"的人，我的"金钱剧本"也改了。

我和老公下定决心将来不但要财富自由，最好还能从事一个可以实现时间自由、地点自由的职业。我不知道这样的职业是什么，更不知道怎么找到，那时候还没有"数字游民"这一说。但不知道为什么，我那时就是有一种莫名的自信，认为我们能做到。

那一年我们27岁，还欠着一屁股学生贷款，没钱、没房，有的就只是这么个愿景。但就是这么一个清晰的愿景，成了指引我们前行的灯塔，让我在42岁实现了当年的目标。

现在回过头看，为什么一个清晰的愿景很重要？是因为：

第一，当我渴望实现财富自由时，我和金钱的关系就不再暧昧，而是变得很明确。有了明确的目标，才会有明确的行动。

第二，就像谈恋爱一样，关系很暧昧的时候，你经常会有自己的期待被对方辜负的感觉。而关系明确了，彼此的责任才分明。你想要赚钱就要负起赚钱的责任，赚不到钱不能赖钱。

第三，这一点是最重要的，当你想要有钱的时候，就会去接触那些更有钱、会赚钱的人，在这个过程中，你就慢慢意识到：哦，原来有钱人是这样想问题、这样做事情、这样说话的啊！这个升维的过程让你逐渐告别"穷人思维"。而当你越来越像有钱人一样思考，你离钱就不远了。

当然，金钱本身不是目的，而是帮助我们过上想要的生活的工具。所以明确目标固然重要，但是弄清楚这个目标对你的意义更重要，那个深层的原因才是你真正的动力。

对我来讲，赚钱的终极意义是拥有更多自由。这个自由，并不是想做什么就做什么，而是不想做什么就不做什么。

有钱，你可以自由地摆脱糟糕的关系，不用再看他人的脸色过日子。

有钱，你就能自由地辞去不喜欢的工作，大胆探索更有热情的工作。

有钱，你可以帮助他人，回馈社会……

总之，有钱意味着不再为了想象中的明天而牺牲今天。

所以，追求财富自由并不是"贪财"。

贪财只注重短期变现，只想着有钱了以后想要什么，却很少想过要为此放弃什么。追求财富自由则是长期投资，因此你清楚地知道为了获得自己想要的自由，需要付出什么，放弃什么。

追求财富和追求财富自由最大的区别在于前者受欲望驱使，后者受希望驱使。

虽说欲望也是一种能量，欲望强，说明能量很强，动力足，但欲望和希望给你带来的专注和持续的动力根本不是一个级别的。前者把有钱当作目标，而后者把财富当作通往自由的工具。

当我第一次看电影《肖申克的救赎》时，看到男主人公安迪历经千难万险从臭气熏天的污水管爬出来，倾盆大雨中，他仰面朝天，高举双臂的一刹那，我突然明白，那就是自由的味道！

想象一下，如果不是对自由的渴望而是对财富的渴望，能支撑他在狱中忍辱负重，用那把小凿子，每天晚上凿一点，花19年的时间凿开一条隧道，最终胜利大逃亡吗？

一定不会！因为欲望给人带来的动力远远低于希望。

所以当你说想要挣很多钱，实现财富自由的时候，你需要好好思考一下：钱对你来讲意味着什么？你要的到底是财富还是财富自由？这两个答案决定了你的驱动力到底能让你走多远。

钱从哪里来？

赚钱本身是一门需要学习的技能，只可惜在学校里没人教我们。我们习惯性地认为老老实实上班是赚钱的唯一出路，根本不知道有钱人都是怎么赚钱的。

不是贫穷限制了我们想象如何花钱，而是见识、认知限制了我们想象如何赚钱，而且这跟你念了多少书没关系。

2015 年，我从企业里出来，一开始就是想做一个自由讲师，去企业里做沟通、领导力这方面的线下培训。我的一个做投资的朋友听了以后说："哦，你这就是高级合同工呗。"

话糙理不糙，我的确是自由了，但我还是在用自己的时间赚钱，而靠卖自己的时间是永远无法致富的。我意识到我需要找到一个"复制的边际成本"更低的商业模式。

正好当时有个朋友介绍我认识了一位得到上的老师，他对我说："你为什么不做线上课呢？相比线下课，线上课的复制边际成本几乎为 0，一次性录制好，就可以一直卖下去。"就好像你手里的这本书一样，我写它所花的时间是一次性的投资，而回报是随着时间产生复利效应的。

这就是"穷人思维"和"富人思维"的区别的一个例子。

赚钱的路千万条，总结起来不外乎这三种：

· 用时间赚钱

· 用专长赚钱

· 用资源赚钱

1.用时间赚钱

除非你家里有矿，否则我们每个人都是从用时间赚钱开始的。你去上班就有钱可赚，不去就没钱，这就是用时间赚钱。

打工的本质是我们把自己工具化。我们是老板手中的镰刀、斧头、锤子，老板判断怎么把我们这些工具的价值最大化，然后把创造的价值分给我们。

从这个角度来讲，作为一个打工人，其实是不直接赚钱的，而是你帮公司赚钱，公司分钱给你。

因此，在这个阶段，你的目标就是让自己的单位时间更值钱，同样都是朝九晚五，有人年薪 20 万，有人年薪 200 万，后者的单位时间更值钱。

而这需要让自己成为更好使的工具人——更锋利的镰刀，更精锐的斧头，更结实的锤子。无论是提升学历水平、专业知识、技能，还是提升工作效率和解决问题的能力，都能让你的时间更值钱。

当别人不能解决某个问题而你能，甚至你能用更少的时间解决时，你就比别人更值钱。

2.用专长赚钱

今天所有的白领，无论是程序员还是建筑师，是 HR 还是财务人员，其实都是在用脑子赚钱而非体力。但为什么有的人一辈子只能依附于一个平台，让平台分钱给你，还大气都不敢出，而有的人有足够的底气选择给谁干，或者干不干？

职场人最大的幸福莫过于"老板自由"，想想看：要是你能挑公司、挑老板，那是不是太爽了？

而这就要看你是否有一个"看家本事"。什么是"看家本事"？我觉得樊登老师形容得最精准，**所谓"看家本事"，就是你即便教给别人，别人也无法 100% 学得会的本事。**

道理很简单，如果别人能学会，那你还怎么能用它来"看家"呢？别人至多只能从你这儿萃取一些精华，加速他们自己的学习，但他们无法完全复制成你。

比如故事力就是我的看家本事，别人工作汇报讲流水账，我讲故事。别的乙方给甲方卖培训课程的时候讲 PPT，我还是讲故事。

每个职场人在平时的工作中都应该有自己的"绝活"。它不一定是一个很大的技能，它可以是一个很小的点，比如，如果你是一个 HR，怎么和业务合作伙伴沟通，让他更信任你，有事愿意找你商量，这就是你的"绝活"。

我们有一个线上课的助教老师，她的绝活就是在微信群里"撩"学员写作业。

当你能把你的"绝活"结构化、体系化，形成自己的方法论，那就是你的"看家本事"了。如果你还能把它变成产品教给别人或者卖给别人，那你就在迈向自由的路上又前进了一步，因为你不再靠别人分钱给你，你可以靠你的绝活赚钱了。

我把我的"绝活"结构化、系统化地写进《故事力》这本书中，并且出了对应的线下、线上课程，很多人由此受益，学会了用讲故事的方式卖自己的观点、产品，打造了影响力。我们甚至还有了故事力认证讲师课程，教别人怎么教故事力。

我真心认为知识付费的下半场是知识副业。

每个人，无论你是白领、蓝领，只要你能把你的"绝活"总结出来，将其产品化、IP 化，通过打造个人品牌把它卖出去，就都可以赚钱。

而这不但需要你平时积累、复盘，还需要你有将"绝活"结构化、系统化地表达出来，卖给别人的能力。

在后面的章节中，我们就来看看如何找到自己的"看家本事"，又该如何打造自己的个人品牌，避免"会做不会卖"。

3.用资源挣钱

如果你家里有矿，那你一生下来就能靠家里的资源挣钱。但对大部分人来讲，资源要靠自己逐步积累，并且靠投资来使其最大化，比如储蓄、理财、买房、买保险、买股权，投资回报率越高，钱生钱的效率就越高。

如果你是一个团队领导，你的团队就是你的资源，你需要通过你的领导力把这些资源最大化。而在这一点上，女性最容易忽略的资源是"权力"和"人脉关系"。

每次说到挣钱，大家都两眼放光，但一说到"权力"和"人脉关系"，很多人又会觉得"很脏""厚黑"。

权力决定了如何分配资源，人脉决定了如何联结资源。想要挣钱，二者缺一不可。

不得不说，颜值也是一种资源。研究表明，即使是在不看脸的行业，长得好看的人也比长得不好看的人平均收入要高15%。好消息是，在职场上，你的气场带来的价值远比颜值要高，而且比起颜值，气场更容易打造。为什么有些明星明明只有一米五八，却能显得气场一米八？这其中的秘诀就在《用气场展现实力，强大而不强势》这一章中。

其实，无论是权力还是气场，无论是个人品牌还是人脉关系，都是你的杠杆，你要学会使用杠杆，让自己的资源投资回报最大化。

我非常赞同《纳瓦尔宝典》作者的这个观点：不要再把人分

为富人和穷人、白领和蓝领了。现代人的二分法是"利用了杠杆的人"和"没有利用杠杆的人"。

大多数女性不敢明确表达对金钱和权力的渴望，总担心被别人贴上"有野心"的标签。请记住，不要做大多数人做的事，因为你不想当大多数人。

■ 掌控力练习

想象一下，3—5年之后，你希望自己在做什么工作，在什么地方，跟谁在一起？你当时穿着什么衣服，是不是很有气场？如果可以的话，找一张纸，把那个画面画出来。（要画而不要写，因为愿景是一种想象中的画面，只有画出来，才能激发你的潜意识。）

然后再写下你的财富宣言：

"我_____（名字），要成为有钱人，计划在_____（年份）前达成。"

梦想总是要有的，万一实现了呢？

02

加入权力游戏，做个有野心的女人

不当权力游戏的旁观者，才不会成为受害者，要做一个勇敢的
参与者。

——高琳

一个学员曾经跟我说，大老板希望培养她成为一个区域的负责
人，问她意向如何。

我说："那你是怎么回他的呢？"

她说："我就跟他说自己不是很确定有这样的能力，但可以试
试看。"

这是不是也很像你会给出的答案呢？我敢保证，如果是个男学
员，他八成会说："感谢老板给我这个机会，我一定会尽力的！"

是你真的不想要这个职位吗？不是，只不过当男性表现得对权
力感兴趣时，人们会觉得这个人有"雄心"。但如果换作女性，则
往往被贴上"有野心"的标签。所以在职场上，女性倾向于表现得
更低调。

问题是，你要是老板，你会对谁更有信心呢？

心理学家麦克里兰（David McClelland）把人类的动机分为三类。他认为：

有的人是"**成就动机**"型，他们不一定那么看重成功所带来的物质奖励，而是觉得克服困难、解决难题的奋斗过程更有乐趣。

有的人是"**权力动机**"型，他们也会追求出色的成绩，但他们这样做并不像高成就动机的人那样是为了个人的成就感，而是为了获得地位和与之匹配的权力。

最后一类是"**亲和动机**"型，他们对建立友好亲密的人际关系和对被他人喜爱、接纳的愿望更强烈。相比成就感，归属感对他们更重要。

追求权力的动机和获得成就的需要在不同的人身上表现出的强度明显不同。但总体来讲，追求权力是人类的一种基本驱动力，且"权力动机"是管理成功的基本要素之一。

换句话说，如果你对权力不渴望，在管理团队的时候就很难成功。因为权力在很大程度上源自你所在的职位，以及那个职位带给你的对资源和对其他事情的控制力。

权力是资源，权力又能带来更多资源。但是人们为什么一说起"权力"就觉得很"厚黑"呢？包括我也曾经天真地认为：做一个好人就要拒绝一切形式的权力。这其实是因为对权力缺乏理解。

权力是基于角色的演出

现在很多公司，尤其是互联网公司，因为发展得太快，很多新任的管理者都是"跑步式上岗"。就像没有热身就开始冲刺一样，他们根本不知道自己即将面对的挑战是什么，内心还是个宝宝，升职后却被逼着做大家长。

结果呢？根据权威调查，多达60%的人，当他们从单打独斗的个人贡献者成为带人经理的一年后，会得到"绩效不佳"的评估结果。此外，各大咨询公司调研也显示，一线经理的折损率高达40%。

也就是说，原来的明星员工被提拔成了带人经理，刚刚尝到"权力"的滋味，就迅速变成了平庸的经理，甚至赔上了职业饭碗。难怪现在越来越多的年轻人嫌麻烦，不愿意带团队。

其实这也是因为对"权力"理解得不够，而不能充分地理解权力，就不能正确地使用权力。

《权力》这本书中对"权力"的定义——**权力是你在别人的故事中扮演的角色**，让我有种豁然开朗的感觉。

这里面有三个关键词："别人""故事"和"角色"。

不像财富、魅力、美貌，这些都是具有个人属性的，跟别人没太大关系。而权力必须存在于关系中。这个关系不一定非得是职场关系，亲密关系、亲子关系都涉及权力之争，尽管有时候你完全没有意识到。

就好像我和我儿子争执的时候，一开始可能是为了指出他的问题，比如我最看不惯他读书的时候偎在床上读。但争着争着，就慢慢演变成了"是不是妈妈说的就一定是对的"的争论。

人际关系中所有的冲突背后，其实都是权力的斗争。权力之争无处不在，这也让我们在不知不觉中追逐着权力，尽管你不想承认。那为什么说是"别人的故事"呢？因为所有的权力都是有时效的，就像所有的故事都有始有终。你对下属有权力，但你不可能一辈子当他们的领导；你对你的孩子有权力，但孩子长大了也不一定听你的了。

这一点和金钱不同。钱不花充其量会贬值，而权不用就会过期。所以如何在有限的时间内有效地发挥自己的权力，为自己、为他人、为团队创造改变，这是每一个手中有权力的人需要思考的问题。

最后这个"角色"是关键。很多时候，无论是管理团队，还是管理家庭，你如何定位自己的"角色"，决定了这个故事的走向。

当你还是单打独斗的个人贡献者的时候，你的角色决定了你只要管好自己的那摊事，再做好向上管理，和同事的关系处得差不多就行了。然而一旦成为带人经理，这个角色就发生了转变。你就要从关注自己到关注他人，从关注事到关注人，从自己当英雄，变成让自己的团队成为英雄。

有一次我在一家科技公司给一线经理讲课，他们都是从技术人员的岗位上提拔上来的，讲完以后有个戴眼镜的女生站起来说："我们这些人选择做技术，大部分是性格使然，我们宁愿跟机器、代码打交道，也不愿意跟人打交道。但是老师您今天的课让我意识到，既然我选择了做经理，那就必须学会跟人打交道，这是角色使然。"

我听了特别感动，因为我知道从"性格使然"到"角色使然"，这个意识上的转变是多么不容易。

一旦你理解了权力是一种基于角色的演出，接下来要做的就是学习如何扮演你的角色。

权力是"演"出来的，也是"说"出来的

《权力：为什么只为某些人所拥有》这本书中有一个观点我非常赞成："权力是'演'出来的，也是'说'出来的。领导力的秘诀就是要扮演角色，要装模作样，要在这门舞台艺术上富于技巧。"

所谓扮演，不是让你装扮成别人，而是能上能下，要根据不同情境、不同受众调整你的行为。

比如，面对 90 后、95 后的下属，我经常会以一种低姿态出现在他们面前。当他们问我："老板，这事怎么办？"我会说："你说了算，听你的。"有时候，我甚至会像个委屈的受气包，甘愿接受他们的调侃和揶揄。

我真的就那么怂吗？并不是，而是我深知年轻人最讨厌领导用权力压人，你越给他们空间，他们反而越愿意承担责任。而且我都已经权力在握了，让人家挤对一下又不会掉两斤肉，怕什么？

当然，有时我也会展示强权的一面。尤其是当我解释了很多次，他们还是不能完全理解为什么要做某些事的时候，我不会再花时间说服他们，而是自己拍板做出决定。毕竟，作为 CEO，我要为这个结果负责。

偶尔我也会发飙，这不是情绪化的反应，而是带有情绪的表演。有研究表明，当一个人表现出愤怒而不是悲伤时，人们常常认为他更有能力，最起码不好惹。当然，这一招也不能老用，否则会失去团队的信任。就好像演员在舞台上偶尔可以情绪爆发，但是如果你动不动就歇斯底里，那不就成"咆哮帝"了吗？

总之，一个平庸的演员，演什么都像自己，而一个好演员，却

能让别人认为他就是那个角色。因为他知道在那个场景中，自己应该以什么样的姿态出现才能产生最好的效果，所以才能给人"把这个角色演活了"的感觉。但出了这个场景，就意味着这个故事结束了，演员也就应该出戏了。

权力游戏的三个原则

在权力的游戏中并没有固定的规则，但有几条可以说是放之四海而皆准的原则：

1.要与人为善，但老好人不可能成为权力的中心

哈佛商学院教授特雷莎·阿马比尔（Teresa Amabile）的研究发现：招人喜欢的人给人一种温暖的感觉，但老好人也往往被视为软弱者，甚至不够聪明的人。

换句话说，"招人喜欢"有可能会带来权力，但权力一定会让你招人喜欢。

这一点其实很容易解释，因为人都是这样的，谁不愿意跟着一个能保护他的人呢？如果他觉得你连自己都不能保护，怎么会保护他呢？所以让别人有一点怕你是好事，因为他们知道当他们受到伤害的时候，你会保护他们，反而更愿意站在你这边。

而且权力和责任是成对出现的，当你有勇气站在权力的中心时，别人就认为你有承担责任的能力。就好像我们公司每次在尝试有一定风险的事情的时候，大家最后都会说："干吧，反正天塌下来有姓高的顶着呢。"

所以，如果你想要获得权力，除了提升能力，让你的实力配得上相应的责任，还要学会打造权威感，让人觉得你靠得住。在后面的章节中，我会讲到女性如何打造自己的气场，建立权威感。

2.权力之路从来不是线性的

踏上权力之路就意味着有输有赢，然而世界不总是公平的，并不是你努力了就一定有回报。要知道每个人都很努力，但权力的宝座就那么几个。这就像竞技体育一样，每个运动员为了奥运会都会准备好几年，但金牌只有一块。

这也是为什么很多人不想加入这个游戏，因为这样他们就永远可以说：我没有参赛。

但我想说的是，不当权力游戏的旁观者，才不会成为受害者，要做一个勇敢的参与者。

当你打听到公司内部有哪些职位是你感兴趣的，不要怕别人说你有野心，更不要怕失败，先申请再说，成不成由别人决定，但做不做由你决定。

3.走上权力之路的第一步是打造你的影响力

我的一个学员凯莉在一家金融机构负责运营工作，人长得优雅大方，一看就很干练，是个典型的任劳任怨、勤勤恳恳的80后。然而作为中层管理者，她感觉自己饱受"夹板气"。

老板总觉得她除了保障运营工作，还应该成为自己的智囊和参谋。因为达不到老板对她的要求，老板开始对她不满起来。而她支持的其他部门负责人总是把各种累活推给她，她只能把这些任务又强推给团队成员，团队的人不满，自然流失率高。老板一看：你怎么带的团队？对她更不满了。结果是活没少干，却得不到认可，这使她最终陷入了自我怀疑。

她问我："难道真的是我能力不行？"

我说："不是你能力不行，而是你影响力不够。"

一说到影响力，很多人都觉得这是大人物的事，跟普通人有什么关系？其实普通人才更需要建立自己的影响力，而且上下左右都需要。

向上我们需要影响老板，让他认可你的能力。如果你是一个销售，你需要影响你的客户，让他为你的产品买单。如果你是创业者，你则需要影响投资人和公众。

我刚刚当上中层管理者的时候，我的导师问我："你知道你现在最应该花时间搞定谁吗？"

我说："老板？"

他说："不对，是你的平级同事。你想想，关于你的表现，你老板除了自己观察，还会从什么人那儿获得？肯定是你的同事啊。你平时最需要什么人的配合？是不是跨部门的合作啊？"

可是平级，尤其是跨部门的同事才最难搞定啊，你的层级又不比人家高，人家凭什么听你的？还帮你做这做那，你给人家发工资吗？但这就是展示你平级影响力的时候了。

老板不敢搞定，平级搞不定，那下级总可以听我的了吧？也不一定。

权力的确可以决定资源如何分配，但资源中最重要的那部分——人，并不会因为你有权力就随意被你支配。事实上，如果你没有职权，人们还听你的，愿意跟随你，那么当被赋予职权的时候，你就会是一个更好的领导。

影响力，说白了就是我听你的，不仅仅是因为你官比我大，我跟着你干不仅仅是因为你给钱多，而是你有这个能力让我心甘情愿地追随你。

拥有影响力的人通常是团队里的隐形领袖，有很多职权之外的话语权，在工作中他们更善于处理冲突、问题，并懂得如何激励他人。所以当他被赋予权力的时候，会是一个更好的团队领头人。

那么影响力从哪里来呢？很重要的一点是学会建立及利用人际关系，下一章我们就来讨论这个话题。

■ 掌控力练习

列出你需要影响的对象，比如老板、客户、下属、平级部门同事、老公、婆婆等，用1—10分（1分最低，10分最高），分别就你对他们的影响力打分，看看你对哪个人或哪个部门的影响力最低，你能做什么来提升。

03

你会建立关系，但你会使用关系吗？

真正的社交货币不是贪婪，而是慷慨。

——基思·法拉奇（Keith Ferrazzi）

有一次我给一个销售团队培训，一个女学员问我："老师，男的凑在一起抽根烟、喝个酒就是称兄道弟的开始，而我们女的，如果不抽烟、不喝酒，怎么跟客户建立关系？"

还没等我回答，班上另外一个女学员，也是她们公司的金牌销售，就站起来说："我不但不抽烟、不喝酒，我还吃素，建立关系靠的不是抽烟、喝酒，而是要用心……"

的确，我以前做政府关系工作的时候，经常有人误认为像我们这种工作，还有销售、公关，就是每天陪吃、陪喝、陪聊。这种偏见导致很多女性在选择工作的时候会尽量远离这些冲在前线的岗位，而选择那些后台的职能部门，感觉更安全。但现实是，越是在前线的人员，越有可能成为公司的最高管理者或者创业者。

仅仅因为害怕和陌生人建立关系就为自己关上机会的大门，有点可惜。只有学会建立并利用关系，才能联结资源，扩大你的影响力。

内向、"社恐"的人如何扩大社交半径？

如今越来越多的人给自己贴上了"社恐"的标签，豆瓣"我患有严重的社交恐惧症小组"的成员甚至有近五万。我猜这其中有相当一部分号称"社恐"的人，实则是"社懒"——懒得社交。成长在互联网上的年轻人，甚至会习惯虚拟社交而不适应和真人说话了。

很多时候，社交恐惧与其说是一种自我保护心理，不如说是一种自我选择。在"有可能被伤害"和"不给别人伤害我的机会"之间，很多人选择了后者。

日本学者中野牧在《现代人的信息行为》一书中研究过在社交媒体时代成长起来的年轻人。他提出"容器人"的概念：现代日本人的内心类似一种罐状的容器，孤立且封闭，他们为了摆脱孤独状态，也希望与他人接触，但在社交过程中，仅限于容器外壁的相互碰撞，而无法深入对方内部，因为他们拒绝他人深入自己的内心世界。

在关系中，如果两个人都用容器把自己保护得紧紧的，虽然没有给别人伤害自己的机会，但这本身也是一种自我伤害，因为你每一次的自我保护都是在强化脑海里那些假想的意念："我就是不擅长社交……"

在我看来，"社恐"恐惧的并不是社交，而是人际交往中的不确定性。

对我们熟悉的人，因为我们了解他的过往，所以大概知道对方会出什么牌。而对陌生人，我们完全不知道对方是什么样的人，会说什么、做什么，所以也不知道互动会是什么样的。

万一对方不喜欢我怎么办？

万一我讨厌对方怎么办？

万一没的聊，变得很尴尬怎么办？

万一人家说了比较私密的话题，我不知道该怎么接话，怎么办？

…………

有一次在上教练课时，在分组讨论的环节中，我和一位40多岁的女教练分到一组，我们要按照老师的要求，给对方讲一个真实的、让自己感到悲伤的故事。

她说："我先来，因为我的这个故事很短……我从生下来就被父母抛弃了，这是让我一生都很悲伤的事，它成了我人生的底色。"

我也算是训练有素的教练了，但一个第一次见面的陌生人，没有一点铺垫，上来就把这么私密且令人痛楚的话题抛给我，还是让我感觉有点不知所措。在短暂的不适之后，我把自己拉回一个教练应有的状态——好奇、中立、真诚。我问她："如果可以用一种颜色来描述你刚才讲的人生底色，那是什么颜色？"

她想了想，说："真是个好问题啊！我觉得是黄色……"

由此，我们开启了一段美妙的探索之旅，在短短的15分钟内，我走进了她的内心，感受到了这段童年经历为她一生带来的挑战以及她抗争命运的努力。结束的时候，我们俩都感到温暖且有力量。

对"社恐"的人来讲，与其回避社交，不如找到让自己和他人都舒服的社交方式，这种方式应该让你感到赋能而非耗能。你可以这么做：

1. **多倾听，多提问**：其实内向和外向的区别不在于能不能说，而在于从哪儿获得能量。内向的人可以靠倾听、共情并且提出好问题来跟他人建立联系。

2. **换框思维**：我之前的工作需要结交形形色色的人，有些场合不得不去。带着这种无奈的心态去社交，自己别扭，别人也不舒服。但如果我把和他人的互动当作学习而非社交，心态就不同了。比如在参加一些正式场合的时候，我就默默观察，总结人们在互动的时候遵守的不成文的规则是什么，慢慢地就对这些和自己背景不同的人越来越了解，沟通起来也就越来越顺畅了。

3. **成为一个"联结者"**：除了倾听、共情，内向的人可以把"关联"能力当作自己最大的武器，把来自不同圈子、互不认识的各方撮合在一起，以信息优势创造价值。但是想要成为一个"联结者"并不容易，你要清楚地知道 A 需要什么，而 B 又有什么，才能进行匹配。成为"联结者"可以让你的人脉形成良性循环。因为当你去联结别人的同时，他们之间碰撞出来的火花，就会像滚雪球一样，又滚出来新的人脉，这样你自己的人脉也成倍扩大了。

在扩大社交半径的过程中不要着急，即使你付出了努力，跟多数人的关系也可能停留在"认识，但没那么熟悉"的状态。不熟不要紧，弱关系也能办大事。

4. **弱关系也能办大事**：所谓"弱关系"，指的是那些平时联系不紧密、沟通不频繁、了解和信任都不深的人脉关系。美国新经济社会学家马克·格兰诺维特（Mark Granovetter）研究发现，许多工作都是通过弱关系获得的。

当然，你不能随便跟不熟的人借钱，因为弱关系缺乏信任；不过在打破信息壁垒上，弱关系却非常有优势。比如我的圈子以70后、80后为主，在写这本书的时候，为了能更好地了解90后女性的看法，我经常在微信朋友圈做一些小调研。有很多认真回复我的人，我都不记得她们是谁，但她们提供的信息却是非常有价值的。

你看，并不是只有熟人才能帮上忙，所以不要因为不熟就不敢提出请求。但问题是人的精力有限，怎么在平时和不熟的人保持弱关系，而不是等到有事的时候才想起求人家，显得很功利呢？我有三个建议：

1. **定期推送自己的近况。**我的一个朋友晓雪，每年元旦都会发一篇非常走心的年终总结和新年寄语给她的朋友。在这个图文并茂的 PDF 文档里，她分享自己这一年工作和生活的变化，以及她的感悟和学习心得。她这么做已经坚持了快 10 年，最早是用邮件，现在是用微信。我每年都还挺期待收到这个文档的，感觉特别有仪式感，而且很温暖。

2. **充分利用社交媒体。**弱关系可以算是朋友圈的点赞之交，但可千万别小看点赞这个动作。我发现在我朋友圈经常点赞、评论的那些人，我对他们印象会更深一些。所以对那些你想要保持联系的"弱关系"，不要吝惜你的点赞和评论。至于怎么发朋友圈才能让大家对你更了解、印象更深刻，可以参考"个人品牌"那章。

3. **分享即联结。**很多人都觉得我一定很外向，其实并非如此，对我来讲，去参加酒会、饭局那些社交是一种耗能，能不去就不去。我更倾向于通过自媒体来分享我的生活以及对生活的洞察。这种分享产生的弱联结不但覆盖面广且更有深度。比如现在正在读这本书的你，我就在通过文字跟你产生联结，不是吗？你也可以选择适合自己的方式去分享，只要能为别人带来价值，分享即联结。

搭建人脉网就是搭建价值交换体系

很多人以为，认识的人多就是人脉广。其实打造有效人脉圈，并不是看你认识多少人，而是取决于你认识什么样的人。

比如你现在是个程序员，但你想要转型去做培训，你想找个人问问怎么才能进入这个行业。但问题是你老公也是程序员，你们的朋友也都是程序员，谁也不懂培训。这种人脉圈的同质化就有可能会限制你的眼界和机会。所以衡量人脉圈的质量高不高的一个标志就是是否足够"多元化"。

怎么才能知道自己的圈子是不是有同质化的问题呢？一个简单的方法，就是看你的人脉是不是大都来自"自然流量"。

所谓"自然流量"，就是同学、同事这些不需要你花费额外精力就存在的关系。一起上过学、共过事就认识了的人，或者像领导、客户、合作伙伴，主要由工作内容和组织结构决定，而不是你主动选择的人脉，都算是"自然流量"。

来自《哈佛商业评论》杂志的统计表明，如果你的人脉里65%以上的人都是通过"自然流量"产生的，那就证明你的人脉同质化现象比较严重。想要让自己的人脉变得多元化，需要更主动地破圈，去结交一些跟你背景不同、比你厉害的人。

而这就需要我们主动地与那些站在资源、优势高地的"贵人"建立联系。他们可能是更高层的领导、行业的专家、潜在的客户等等，这些就属于"战略性人脉"。这些人脉可能和你眼下的工作并没有直接关联，但能帮你拓展眼界，在未来可能会帮到你。他们通常不是靠"自然流量"认识的，而是要靠你主动通过"向上社交"去联结。

不过，向上社交的时候，很多人总觉得自己和那些处于资源、优势高地的人比起来，要啥没啥，没有什么能拿出来跟别人交换的，就连聊天都是"尬聊"。

大家之所以这么想，是因为经常会把"搞关系"和"求人办事""占人家便宜"联系在一起，其实真正持久的关系是一种互惠关系。

正如耶鲁大学管理学院组织行为学教授玛丽萨·金（Marissa King）在她的书《社交算法》中指出的："社会关系的基本组成部分是互惠，它是支撑社会交换的流通货币。"

有你求人办事的时候，也有别人求你办事的时候，所以，当你跟别人建立人脉关系的时候，要给自己一种正向的心理暗示：我跟别人建立的联结对我们彼此来讲是一种互惠。

搭建人脉网就是搭建一套价值交换体系，在这套体系中，明线是你们彼此为对方带来的实用价值，比如金钱、权力、技术、信息等等，暗线则是情绪价值——在情感方面满足了对方的需求。比如朋友来找你倾诉她遇到的倒霉事，你耐心听她的吐槽，不评判，不说教，这就是你能为她提供的情绪价值。

有一次，有个90后的创业者邀请我去她的直播间讲讲怎么做副业。单纯从价值交换的角度来讲，我没有什么特殊的诉求，但我还是答应了她，因为我想要走进年轻人的世界，她的经历对我来讲很有信息价值，我帮她答疑解惑也满足了我"好为人师"的情感价值。

所以说价值的定义很广，你得先了解对方需要什么，才能为他提供相应的价值。而这就需要有同理心和利他思维，尤其在向上社交的时候，不要用力过猛。与此同时，你要学会展示自己，让别人看到你的价值。很多时候，贵人不是找到的，是吸引来的。

在我的第一本书《职得》里，我讲到我的导师Mark，他在10多年前是如何用一句话点醒我，让我走出自己的舒适区，去尝试一些新的岗位，后来又鼓励我去竞选非营利组织的董事。但我其实一直不知道他是从什么时候注意到我的，毕竟那时候在公司，我就是一个小经理，职位跟他差得特别远。

几年前，我终于有机会当面问他这个问题，他说："有一次我们开高层战略会，那个会又臭又长，大家都在说一些无聊的话，我都快睡着了。这时候你站起来发言了，你一张嘴就让我眼前一亮，自信、幽默，而且一句废话都没有，我当时就心想：'呃，这姑娘，有意思……'"

你看，贵人不是天上掉下来的，你得先让别人看见你，对方才有可能认识你、认可你、信任你，最终成为你的贵人。如果你开会压根不发言，在职场里没有存在感，别人怎么知道你是个潜在的人才？

要知道，身处高位的人，眼睛都是很毒的，他们很珍惜自己的时间，更珍惜自己的羽毛。他们只会投资时间在那些他们认为的"潜力股"身上。一旦他们在你身上花了时间，就意味着他们认为你是"潜力股"。公司内外一旦有好机会，他们一定会想到你，而这种机会通常是你自己埋头苦干多少年都未必能获得的。

在"个人品牌"那一章，咱们再深入探讨如何让别人看见你、记住你。

学会夸人：最低成本的人际投资

人脉关系就像是银行账户，我们和别人的每一次沟通与互动，都会对"关系账户"产生影响，要么为账户"存钱"，要么"取钱"。而长期没有互动，就像是存在银行的钱贬了值。除了有意识地定期沟通和尽可能帮助他人，还有一种最简单的"存钱"方式——赞赏，俗称"夸人"。

夸人可以说是全世界都通行的社交货币。但有两点要注意：

第一，夸奖不是恭维，后者带着巴结别人的感觉。如果你把自己放在低人一等的位置，这本身就是在降低自己的影响力。

"夸人"的核心不是夸，而是看到别人的闪光点，同时积极表达这种认可。任何一个人，就算你再讨厌他，如果你仔细观察都能发现他的亮点，再把你看到的亮点及时告诉他，这就是"夸"。

第二，夸人听起来不难，但是夸得高级并不容易。尤其是当你向上社交的时候，你可能会想：我去夸一个层次比我高的人合适吗？他需要我夸吗？会不会显得我在巴结对方啊？

其实，赞美就像金钱一样，再有钱的人也不会嫌自己的钱太多。职位高的人并不会因为他们占据资源高位就不需要被夸了，只不过他们更需要被夸到点上，因为平时泛泛恭维他们的人太多了，都不稀罕了。

在做教练时，我们经常需要通过一个人的外在表现看到他的内在实质，同样的道理也可以用在夸人上：

首先，最基础的是夸一个人拥有的东西（Having），可以是他的外表形象、穿戴、拥有的实力和资源等。这些都是显而易见的。

不过在向上社交的时候，要尽量避免夸别人的资源，比如："你好有钱啊！""你办公室好大啊！""你太厉害了！"这种夸会显得很"浮夸"。

你可以选择间接地夸对方，比如夸他的团队或他的作品。别人夸我的团队时，我会感觉美滋滋的，因为这说明我用人有方。如果对方最近刚写了什么书，最好事先拜读，然后告诉对方书里的哪一点对你有帮助。

其次，往上一个层次，可以夸一个人的行为（Doing），比如他做了什么努力，获得了什么能力，怎样帮了别人，等等。

有时候，这个行为不需要很大，哪怕就是一个小小的点，只要对你有触动就行。尤其当对方说了什么或者做了什么给你带来了什么正向的影响或者改变时，这些细节如果你不告诉对方，对方就不会知道。

比如逢年过节，大部分人总是群发祝福语，对方看了也记不住，因为这种祝福信息实在是太多了。但总有一些学员会私信我，说自己曾经上过我的什么课，给他们的工作和生活带来了什么影响，比如换了工作或者升职加薪。这种以"感激"对方的行为来代替夸，既真诚又具体，比泛泛地夸一个人要更用心。

最后，夸人的最高境界是夸这个人的特质（Being），比如你通过什么看到他是一个什么样的人。当然，这里的特质一定是积极的。

有一次，我给一家公司做一个直播课，课后大部分人都在夸我讲得多么好，唯独有一个甲方的HR说："高琳老师已经是沟通的专家了，但还是那么认真地准备这次直播，光测试就好几遍，看得出来您特别敬业。"我听了就觉得特别舒服。

夸一个人的特质之所以是最高境界，是因为它最难被看到。如果你能看出一个当事人自己都没有意识到的特质，而且准确地夸了出来，那简直就是夸到他的心窝窝里去了，对方有可能因为这一句话就视你为知己。

所以你看，夸人要夸得有水平也不是那么容易的，也要有超高的对他人的关注和洞察，但"夸"好了就起到了给关系账户"存钱"的作用。等到"取钱"的时候，就不会捉襟见肘了。

学会求助：关系都是用出来的

有一次，老板让我约见某一线城市的副市长谈项目合作事宜。此人我之前只见过一面，也只有他秘书的电话，我心想：人家怎么可能会搭理我呢？我哪儿有那么大的脸？

一筹莫展的我找到一个前辈吐苦水，她听完我的吐槽，反问我："你问问又怎么了？人家不答应，你会死吗？而如果你不张口问的话，答案永远都是 No！"

是啊，人家不答应，我不会"死"，不张嘴问才会啊！当天我就哆哆嗦嗦地给那位秘书发了个短信，没想到对方居然秒回，之后·就确认了几周后约见的时间。

有很多人，尤其是职场女性，都和我一样，亲和力很强，可以迅速和他人建立关系，但是等需要用到关系去找机会、谋福利的时候，就开始扭扭捏捏，总觉得不好意思，磨不开面子。

美国行为艺术家阿曼达·帕尔默（Amanda Palmer）在她著名的 TED 演讲《请求的艺术》里讲述了在自己做街头活体雕塑乞讨卖艺的日子里，她通过和经过的每个人的眼神接触，深深地体会到"请求的核心是合作"，他们给予她金钱的时候，更希望通过帮助他人感受到彼此真实的存在与关怀。

懂得这个道理的人在求人的时候心里不会觉得歉疚，因为他们相信自己与世界是合作关系而非竞争关系。

带着羞愧请求协助意味着：你的力量高过我。

带着傲慢请求协助意味着：我的力量高过你。

心怀感激请求协助意味着：我们有力量互相帮忙。

就像《社交算法》这本书中讲到的，"求助甚至可以说是一种馈赠，它允许别人为你服务"。只不过你需要做个有水平的请求者。其中，真诚是种种技巧的基石，没有真诚的技巧只能称为"套路"。

有一次，我收到了老同学的微信消息，对方希望我能帮他儿子准备一个国外大学的面试，而且就是第二天！我和他20多年没见过，也没联系过，但我还是答应了他。我并不是闲得发了大善心，他打动我的原因很简单，就是真诚。

他在微信里没有套近乎，也没有说一堆客套话，而是直接写道："这么久不联系，一上来就求人，真不好意思，但是孩子上学是天大的事……"

真诚就是赤裸裸地展示出自己的脆弱。透过屏幕，我都能看到他作为一个父亲，为了孩子，拉下脸来求人的苦心。我儿子申请大学的时候，我也求人帮他写过推荐信，而且也是火急火燎的，要得急。所以我特别能理解老同学做父亲的心。如果我的举手之劳就能帮到孩子，甚至能改变孩子这一生，那为何不做呢？

在真诚的前提下求人相助的时候，有三点要注意：

1.让别人帮你的成本越小越好

请人帮忙不是甩手把事情外包出去就完事了。在请求帮助之前，尽可能将对方帮你所需的时间和精力成本降到最低，这样别人才愿意继续帮助你，不然帮你一次就怕了。

比如，在求人办事之前先想清楚你需要别人具体帮你做什么，在什么时间，达到什么目的。千万不要一上来就啰里啰唆，半遮半掩地说半天，别人也不知道你到底要干什么。只有需求清晰了，别人才能判断是否能帮到你，怎么帮。

如果用邮件或微信做文字表达时，要注意篇幅不要太长，尤其不要给别人留微信语音。如果是打电话或者当面讲，更要注意不要一次性说太多。要有层次地沟通，先说大方向，再说细节。要是感到紧张，可以先找人练习一下，尤其是开场部分。

2.求一次不行就求两次

斯坦福大学的一项研究表明，人们更有可能在第一次说"No"后，第二次说"Yes"。因为已经说过"No"了，如果再说第二次，可能会有负罪感。为了避免让自己不舒服，对方很可能在你求他第二次的时候说"Yes"。

当然，这个第二次一定要换一个理由或者换一个需求，否则就成了不依不饶了。

3.闭环沟通，感恩思维

求人办事的时候，我们经常会通过一个中间人，不管成不成，给中间人一个反馈是对别人的付出最基本的认可。

比如前面说到的那个老同学的儿子，在面试的当天下午就回复我面试都问了什么问题，还说他感觉自己发挥得不错，又一次真诚地感谢了我。这让我觉得他是一个特别有教养的孩子。他爸爸更是在拿到学校的录取通知书和奖学金之后再一次感谢了我，这让我觉得很有成就感，就跟自己家孩子拿了奖学金一样开心！

在求人的时候，一定要带着感恩思维，说"谢谢"永远不要那么吝啬。而且要做好闭环沟通，事事有回应，件件有着落。

关系，是一种资源，但它从来都不是一次性的，用得好是可以产生复利的。但是前提是，你需要让你的资源"滚起来"，而滚起来的最好办法就是要先给出去，把自己的资源分享出去，才能获得更多的资源。

■ 掌控力练习

在建立关系和使用关系的时候，你通常都会有什么样的心理障碍？如果你可以按照以上方法做出一些突破，那会让你的工作和生活有什么不一样？

尝试用以下模型来回答上面的问题。

1. 我会获得更多的＿＿＿＿＿＿＿＿＿（Having）。

2. 为此我需要做更多的＿＿＿＿＿＿＿＿＿（Doing）。

3. 我也会因此成为＿＿＿＿＿＿＿＿的人（Being）。

04

向上沟通，别让你的价值被埋没

> 成功的关键在于提高你的能量；当你提高了能量，别人自然会被你吸引。
>
> ——斯图亚特·怀尔德（Stuart Wilde）

我给近百家 500 强企业和互联网公司讲过沟通的课程，上课的时候，我经常会问学员一个问题："如果在电梯间碰到公司的高层领导，你会怎么做？"

A. 假装没看见，溜墙根马上跑

B. 快快地打声招呼，然后再溜

C. 试着和大老板聊两句

你猜怎么着？超过 80% 的学员都会选择 A 和 B，只有不到 20% 的学员会选择 C：和大老板聊两句。甚至还有学员说，如果不小心和大老板走进了电梯，就假装自己忘带东西了，再出来。

虽说打声招呼并不会让你从此一飞冲天，但连招呼都不敢打，还指望有好的项目时老板能想起你？要知道，无论是在职场还是商场，你只有被记住，才会被选择！

尤其对女性来说，会干不会说，可能会被认为没有自信，不能承担更重要的职责。

一位500强企业的男性领导曾经告诉我，在他眼里，女性员工自信的表现，就是她能在开会的时候积极发言，不管说得对还是不对，敢于提问，不必担心是不是个傻问题。

很多时候，人与人之间的差距不在于能力，而在于能量。《有钱人和你想的不一样》这本书里讲到作家斯图亚特·怀尔德说过："成功的关键在于提高你的能量；当你提高了能量，别人自然会被你吸引。"

沟通的本质就是能量的交互。

你不是灯塔，靠发光就能把别人吸引来，你得沟通，别人才能注意到你的存在。沟通做得好，你的价值就会被放大，财富也因此而放大；沟通做得不好，你的价值就会打折，财富也会打折。

价值是做出来的，也是说出来的

有一次，我给一家快消品公司做线上培训。学员中有中国的，也有印度、韩国、日本的。培训一开始，HR和领导各种铺垫，鼓励大家在练习环节开麦参与。即便如此，除了少数积极分子，大部分国内学员都关着摄像头不吭声，到了分组练习时倒是立刻精神抖擞。

而印度同学则全程随叫随到，只要我喊："印度同学在吗？"他们立马"哇哇哇"开始说，整个培训下来，就他们最积极，最能给别人留下印象。

身边有印度同事的人，对这种事应该深有体会。

明明干的是同样的活，印度同事因为特别会在老板面前"邀功"，好像所有的活都是他们干的，升职的机会也往往都被他们"抢"走。

为什么印度人在硅谷能如鱼得水？仅仅是因为他们英语讲得流利吗？

很多年前，我在上海给一家药企讲跨文化沟通，那天，下面坐着几个印度学员，讲到开会发言主动性这个话题时，我问其中一位印度女学员：

"你能跟大家说说，你们印度人为什么这么能说吗？"

她站起来，走到教室前面，大大方方地说："因为只有表达我们的观点，才能表达我们每一个个体。"

这句话包含两个意思：首先，我是一个个体；其次，作为一个个体，我的声音值得被听见。

反观我们中国人，从小被教育凡事要低调，不要当出头鸟，做好自己的分内事，早晚会被领导看到。然而，在职场上不会说，老板就很难判断你值不值。

每个职场人都需要明白：

工作结果≠工作价值≠领导眼中你的工作价值

你做的工作和你实际创造的价值以及老板眼中你创造的价值，其实是三件事。而真正决定升职加薪的，是最后一个。

举个例子，假设你是一个负责IT的主管，在跟领导汇报工作的时候，如果你说："上周我的团队装了一个新的服务器，为订单部门装了两个硬盘，还给库房新来的员工都装了电脑，另外还解决了十五个IT服务热线的维修单。"这样说，就是工作结果，因为它是从自己工作内容出发的。但如果同样的工作，你说："上周我帮助订单部门处理了客户产生的大量数据，并且还支持了因为新产品上线所需的库房扩容和员工招新，以保证新产品能按时上线。"这样说，就是工作价值，因为它是从领导和公司的目标出发的。

看出区别了吗？前者给老板的感觉就是个"干活的"，后者让老板听起来感觉跟他的目标更有关，他也就更爱听。工作结果是从自己的工作内容出发的，所以你说了算；而工作价值则是从领导的目标出发的，所以领导说了算。工作结果是客观的，而工作价值则是主观的。这就是为什么领导眼中的工作价值和你所认为的价值不一定一致。

这中间差的就是你会不会说！所以，**要记住这个公式：**

领导眼中的工作价值＝你的工作价值 × 你的沟通能力

你的印度同事可能干了80分的活，却能说出120分的工作价值；而你干了120分的活，最后就说出个80分的工作价值，这中间差的就是沟通能力。所以你发现了吗？加薪升职本质上不是"加不加"的问题，而是你"值不值"的问题。

那么，怎样跟领导沟通，才能恰如其分地展示你的能力和价值？

总是说不到对方关心的重点怎么办？

经常有学员问我："为什么我明明按照领导说的去准备汇报内

容了，但是上去一讲，领导要么说不是他想听的，要么说内容太细，'不够战略'。我又没有坐到他那个位子，我怎么战略啊！而且为什么领导心里想要的跟他说的不一样呢？"

因为很多时候，领导确实不知道他到底想要什么。

领导的要求不等于他的需求。要求是说出来的，需求则是更深层次的，想说却没说或者自己都没意识到的更深层的诉求。

乔布斯（Steven Paul Jobs）曾经说过，如果当初福特（Henry Ford）去问用户要什么，那答案一定是"我想要一辆更快的马车"。但实际上用户真正需要的是一种更快捷的交通工具——汽车。

用户最根本的需求是更快，但他说不出来，只有你将产品做出来放在他面前，他才会恍然大悟："哦，原来这才是我想要的！"

在职场和生活中，你可以把自己的每一次沟通当作产品，把沟通对象当作产品的潜在用户。只有找准他们真正的需求，才能让他们为你的话"买单"。

咱们就说工作汇报的场景。

什么叫"不够战略"呢？就是缺少"＋1"视角。说白了，就是没有把领导当作用户，以他的视角去想问题。

但问题是你和领导不在一个高度，和客户也不在同一个维度，思考问题的角度肯定不一样，他们想到的，你想不到怎么办？怎么才能更好地了解对方的需求呢？

沟通固然重要，但是沟通之前的准备更重要。只有知己知彼，才能百战百胜。平时擅于观察和揣摩固然重要，但有时候，与其瞎琢磨，还不如问。

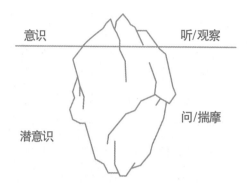

意识　听/观察

潜意识　问/揣摩

关系近的可以直接问，关系远的可以间接问，注意问要讲究方法。千万不要认为要更"战略"，你就必须把"战略"这两个字挂在嘴边，一上来就问："老板，您今年的战略重点是什么？"好像整个公司就你最能干。其实，你完全可以问出有战略性的问题而不带"战略"两个字。

一个好的问题，是那种非常自然的，但同时又能给你和对方带来新的洞察、新的视角和可能性的问题。在这里我提供一个提问的框架供你参考：

1. 问态度立场。可以先去问你的领导，对你要汇报的这件事情，他的态度和立场是什么，他对这个项目有什么想法。在问的过程中，不要局限于过去和现在，还要往未来去问。

2. 问决策标准。不知道什么是"好"，干了也白干，所以决策的标准和成功的关键要素一定要问清楚。

既然老板有时候不知道他要什么，那你可以问他不要什么。人通常在吐槽的时候，话都特别多。你把这些信息翻转过来，不就是他想要的了吗？

3. 问顾虑风险。领导对你提议的这件事情可能存在顾虑。在问相关风险的时候，不能仅仅限于你自己的一亩三分地，还需要考虑到其他利益相关者，可能与他们产生的冲突也要考虑进去。

最后，作为一个 CEO，我跟你们透个底，如果领导迟迟不回复，通常不是他忘了，而是他不知道要怎么做决定，所以决定"拖"——他希望"让子弹飞一会儿"，说不定这事就过去了。

而如果你希望领导给出一个明确的回复，可以用提问来代替不停地催促。你可以问：

· 对这件事，您还希望我提供哪些信息从而帮您更好地做决定？

总之，提出一个好问题，才能得到好答案。

态度立场	决策标准	顾虑风险
· 您对这个项目有什么想法呢？ · 您对我们的工作进展感觉怎么样？ · 这个数字化项目对我们公司未来的发展意味着什么？ · 在您心目中，3 年以后，这个系统是什么样的？	· 在这个项目里，您觉得最关键的是什么？ · 做好这个项目的关键要素是什么？ · 在这个项目里，您想看到的最好的结果是什么？ · 您最不想看到的、最不能接受的是什么？	· 这个项目主要会对哪个部门带来影响？具体是哪方面的影响？ · 对这件事，您还希望我提供哪些信息从而帮您更好地做决定？

如何在工作汇报中用故事影响他人？

我在20多年的职业生涯中，有近10年和自己的老板不在一个国家，而在这期间我被提升了5次，从负责中国区到负责一个全球团队。不谦虚地说，这其中一个重要的因素就是我具有在汇报中讲故事的能力。

"讲故事"和"做汇报"，听起来风马牛不相及，为什么要在汇报中讲故事呢？

因为讲故事的能力，能帮职场人脱离汇报时的三个坑。

第一个坑：只讲结论，不讲过程，吃亏白忙活。

很多职场人都觉得，老板是雇自己来解决问题的，把问题解决一切都好，然后准点汇报，直戳结论，把所有过程都略去。

做事以结果为导向当然是对的，但汇报中讲过程也是有意义的。老板每天关注的始终有限，如果你不说你在解决问题的过程中遇到的困难和收获，他是很难看在眼里的，最后导致"会干不会说，吃亏白忙活"。而最差的结果就是，老板不仅不会赞赏你的工作效率，还会觉得"她看起来活不多，挺轻松，再给她加点活吧"。

第二个坑：只讲事实，不讲情绪，价值被埋没。

很多职场人都觉得，在汇报中掺杂情感会扣分，但事实并非如此。我举个例子。

假如你负责接从国外总部来的同事去见客户，接待顺利结束，你有两种汇报方式：

一种是只讲事实：

老板，我们在3月12—15日接待了国外同事，一切顺利，客户也很满意。

是不是很平淡？老板只知道你的待办清单中又少了一项，根本没看到你在这件事中的价值。

另一种是在汇报中适当加入冲突和由此带来的情绪：

老板，我们上周带从国外总部来的同事去见客户。本来是要见A客户的，结果客户家里突然有事来不了了。这可把我们急坏了，大老远来的，不能扑个空啊！后来，我们又紧急联系了B客户，还参观了他们的工厂，谈得特别好。总部同事离开之前，A客户正好也忙完了，我们也见上了。最后离开时，总部同事说，感受到了咱们的客户关系做得很好，团队也很有战斗力。

你看，适当加入冲突和情感的成分，不仅让整个汇报变成了一个故事，还从侧面体现了你的工作价值。

第三个坑：只讲道理，没法打动人。

其实说白了，全天下的道理就那么几条，你会讲，你老板也会讲。说不定你讲的道理他听得耳朵都起茧子了，别说认同你了，甚至会心生厌烦。更高级的汇报方法，是把你的道理、想表达的理念穿插到故事中。

那我们该如何提升自己在汇报中讲故事的能力呢？

你首先得知道，在你向老板汇报的时候，他脑子里在想什么。

一般人觉得老板只会想一些可以用数据衡量的东西，比如出现的问题、技术上的更新、销售的金额、产品的成本等。这些被我们称为"理性目标"，很重要，也是每项工作汇报的主线。但就像前面说的，如果只讲可以用数据呈现的东西，那如何体现你的价值？

想要提升讲故事的能力，需要额外关注汇报中的"感性目标"。

比如让领导意识到事情的严重性和紧迫性，从而能尽快做出决定，或者是让他意识到你的能力有多大，你团队的潜力有多高。

这时候，你就需要一个个故事把你的"感性目标"加入汇报中，再用"理性目标"这根绳子把它们穿起来。

总之，工作能力决定了你的职场下限，工作汇报能力决定了你的职场上限。而在工作汇报中讲故事，更是提升汇报能力的最好方法。关于更多讲故事的方法和即学即用的模板，可以参考我的书《故事力》。

日常开会，如何展现高级存在感？

对很多职场人，尤其是刚刚到一个公司或者岗位的人来讲，开会的时候如何发言，如何提出自己的见解，展现出存在感，是非常棘手的问题。

不积极发言吧，没人看到你，你可能就会错过很多机会。但有时候，有的话又不知道当说不当说，想说但怕说了不合适，这个火候又怎么把握？

1.会前做好准备

首先你要知道，刷存在感没问题，怕就怕刷没有意义的存在感。我见过很多人在会上发言仅仅是为了让老板们觉得自己很厉害，但说出来的东西一点营养都没有。

所以，在参会之前你一定要做足功课，包括：

谁会参加？这些人之间彼此的关系是什么？

会议的主要议题是什么？在开会之前大家都讨论过什么？

当时会上都有哪些矛盾点和悬而未决的事？

你又可以在哪方面给出具体的建议？

…………

这就好像你去旅游，需要提前做好攻略，这样可以少走弯路。开会也是一样，要是不提前看清形势，贸然采取行动，你不踩雷谁踩雷？

2.会中巧妙插话

等到开会的时候，你需要观察一下：是不是一直是领导讲话，其他人只需要记下并执行？会议上都是谁经常发言？你同级的同事都是怎么提出自己的建议和看法的？如果大家都踊跃发言，那我的建议是你可以主动一些。

在会上，最难的是如何插话，因为不像领导，总有人会主动问："领导，您怎么看？"如果你不主动插话，很有可能这个会你从头坐到尾都说不上一句话，毫无存在感。

我教你一个小窍门，叫作"联结"，就是从前面人说的话联结到自己想要说的。比如你可以说："刚才张总问到这个项目对我们的长期影响是什么，我们团队最近正好做了这方面的一些调研……"

有时候，在参加会议的人中，你可能是级别最低的，人微言轻，说话就显得没有分量。因此你特别需要在表达自己观点的时候，为自己的话找到背书以增加权威感。

比如你可以说："刚才王总提到，A市场是我们的战略重点。

我最近刚读了一份有关 A 市场的研究报告……"这样说就相当于用"研究报告"给自己背书。

开会时最常犯的错误是好不容易逮着说话的机会了，就没完没了地说下去。其实，不一定非要在会上一次性把所有的信息都讲完，你可以挑重点说，然后告诉领导，你之后会把详情发给他。

这样做，一来不会占用大家太多时间，二来可以让你在会后有机会和高管建立更持续、更有价值的联系。

还有一个窍门是很多人都没有意识到的：最安全的发言是提问。有时候，一个好问题就是好答案。

比如，我之前工作的时候遇到一个情况，当时的公司正在准备业务拆分重组，但还没有正式宣布，这个时候有总部的高管过来开员工大会，和大家通通气。

会上有提问环节，一般的员工肯定问自己关心的："听说×××公司要把咱们给买了，是这样吗？"但别忘了，这些高管都是受过媒体培训的，知道如何避重就轻。像这种问题，问了也白问。更何况，直来直去，也并不能为你加分。问得尖锐，甚至会被当成"刺头"。

那什么样的问题能加分呢？记住一句话：让对方站在合作的立场上，帮你解决问题。

我当时是这样问的："现在外面有很多关于公司业务拆分的谣传，这不但给大家专心工作带来了很大的干扰，还给客户带来一些恐慌。我知道有些事您也不好回答，但我很想知道面对这些干扰的声音，您对我们在座的员工有什么建议？"

这个问题一方面是站在合作而不是对抗的立场；另一方面，它呈现的是请教的姿态，请对方提建议。既有礼貌，还不给对方钻空子的机会。

3.会后主动跟进

最后，在会议结束的时候，你可以主动跟进会上讨论的一些问题。不过在认领超出你工作职责的任务之前，一定要确保你的手没有伸得太长。如果你不是很确定，最好会上先表示自己有兴趣参与，然后再和自己的老板确认一下。

就算会上没什么需要跟进的事宜，你也可以在会后跟比较熟的一些参会人员聊聊会上讨论的议题，看看他们有什么意见。你会发现，同一件事，每个人的看法都不一样，这对你了解公司的全局，培养自己的系统思维很有帮助。

总之，开会是一个职场人最重要的沟通场景，也是彰显自己能力最重要的时机。想给领导留下深刻的印象，不要刷没意义的存在感，更不要打无准备之仗。

被挑战时，沉默也是一种语言

我做向上沟通的培训，讲到"即兴问答"这个环节时，经常看到学员抽到问题马上张嘴就答，想都不想。现实工作中也一样，领导一提问，很多人马上就回答。看似很自信，但其实要么说得语无伦次，要么逻辑不清，还显得急着为自己辩解。

所以我每次都建议大家在被领导提问甚至挑战的时候，不要急着回答，而是先停顿几秒钟再回答。但总会有人说：

"哎呀，那多尴尬呀！"

"我可受不了那种沉默！"

"老板会不会觉得我嘴笨呢？"

…………

的确，沉默让人很不舒服，尤其是对爱说话的人来说，沉默就像是在扼杀他左右逢源的社交才能。觉得尴尬是很正常的，但越是这个时候，谁更沉得住气谁就赢了。

有一个"尴尬的沉默"的经典案例。1997 年，离开苹果 10 余年的乔布斯回到了苹果公司。一次，他在苹果全球开发者大会上回答问题时，一名程序员向他发飙：

"乔布斯先生，你是一个聪明而有影响力的人，但可悲的是，刚才的几个问题，你显然不知道自己在说什么。我希望你能说明白 Java（一种计算机语言，主要用于创建网站）及其任何版本是如何处理 OpenDoc（开放文本）中的创意的。当你说完这些后，也许你可以告诉我们，你本人在过去 7 年里都做了些什么。"

大多数人受到这样的公开质疑和攻击，一定会立刻予以强烈回击。但乔布斯并没有。他在众目睽睽之下，停了下来，静静地思考……

沉默持续了大约 10 秒钟。"你知道，"他喝了一口水开始回答，"有时候你可以取悦一些人，但是……"他又停顿了一下，这次大约是 8 秒钟。然后，他认同了程序员对他的指责。接下来，他开始慢慢解释，作为 CEO，他的职责并不是知道每一个技术细节，而是把控全局。这两个停顿有不一样的作用，第一次是为了给自己足够的时间来稳定情绪，第二次是为了给出一个经过深思熟虑的、引人注目的回应。

乔布斯的这一反应，被视为应对危机的经典案例。

沉默，看似什么都没说，但其实也是一种语言。它表达的可能是"我在思考"，可能是"我不同意"。

沉默还能够平衡理性和感性，让自己在被情绪掌控之前先想想这话该不该说，怎么说。毕竟嘴张着的时候，很难思考。10秒听起来不长，一旦你给大脑时间，让它去做该做的事情，你会惊讶于它能完成什么——把事情想清楚。

英国大文豪卡莱尔有一句名言："蜜蜂不在黑暗中酿不出蜜，头脑不在沉默中静思产生不了伟大的思想。"

所以在开会的时候，当被问到一个具有挑战性的问题时，要抵制住张嘴就来的诱惑。先"沉"下心来，再"静默"几秒。心不沉，默不了。而这需要你锻炼自我觉察能力。

与此同时，你需要把"停顿"当作一个单独的沟通环节，这个环节的目的就是留白。然而，很多时候，女性经常会选择用"笑"来代替这个停顿环节。

我曾经培训过一位女性销售高管，她是整个高管团队里最年轻的，也是唯一一位女性，所以特别希望自己能够提升气场，最起码不能让男同事碾压。

我给了她一个建议：少笑！

因为我发现她和很多女性一样，经常会用咯咯笑来填补谈话过程中的沉默或者掩饰自己的尴尬。这样的笑非但毫无意义，甚至会减分，因为这给人一种"讨好"和"取悦"的感觉，从而削弱你的权威感，让你的气场随着笑声减弱。

要知道，你不是客服，不需要每时每刻都满脸堆笑。要笑，就真心地笑，无论是默默地微笑，还是开怀地大笑。总之，在沟通中，要学会为自己和他人留白。这意味着你要学会忍受尴尬的沉默。

■ 掌 控 力 练 习

如果说沟通的本质是能量的交互，那阻碍你的小宇宙释放能量的因素是什么？结合本章中讲到的沟通技巧，你可以做哪些沟通上的改变，让你的能量释放出来？这会给你的工作和生活带来什么样的不同？

05
个人品牌，让自己"增值"

个人品牌就是当你离开这个房间，别人怎么说你。

——贝佐斯（Jeff Bezos）

我以前在企业里做了 11 年的技术工作，但我一直想转去更核心的业务部门，这样可以更好地发挥自己和人沟通的优势和热情。后来公司的政府关系部门好不容易有一个空缺，我就去找当时我们中国区的老大申请。

那时候他刚来公司，跟我也不熟。而我当时是公司亚太区 IT 部门的负责人，跟政府关系部门八竿子打不着，所以一开始他对我的申请不置可否。后来他正好去总部出差，顺便了解了我的情况，回来以后他就答应了。

是什么让他相信我这个毫无这方面背景的人能胜任这个工作呢？因为总部的高管一说起我都会说："高琳啊，会沟通，情商高，推得动事，搞得定人……"还有一个我非常敬重的女高管说的是

"衣品好"。

我们每个人在别人心目中的形象都是全方位的，当别人想到你，就想到与你相关的事物，这就是你的个人品牌。

比如，想到董明珠，就会想到格力、霸道女总裁；想到杨澜，就会想到知性、主持人；想到乔布斯，就会想到苹果、创新和对美的极致追求。

个人品牌可以让打工人从默默卖苦力变成巧妙卖实力。没有个人品牌，你在公司就是个"人力"。就算你再能干，也顶多算是个"人才"。而有了个人品牌，你多多少少也算是个"人物"了，机会来了别人才能想到你。

所以我创立"有意思教练"的初心，就是想帮助职场人打造自己的影响力，让他们能更好、更贵地把自己"卖"给老板。

后来我们平台上集聚了越来越多的自由讲师和教练，我发现他们更需要个人品牌。为什么有的老师课程卖 8 千一天，有的卖 8 万一天，真的是能力差得那么远吗？不是，而是后者有更强的"品牌溢价"。

一个产品的品牌与"身价"有着紧密的联系，越知名的品牌就越贵。

所以我又开始通过认证课程来赋能这些自由职业者，以及搞副业和创业的人，帮助他们打造个人品牌，让他们能更好、更快、更贵地把自己"卖"出去。

什么是你独一无二的价值？

很多人认为打造个人品牌就是"立人设"，我并不赞同这个说法。

我之前教练过一个高管，在做 360 度访谈采访他的利益相关者时，有的人说他很"nice（人很好）"，说话很委婉，也有的人说他脾气不好，经常在会上发脾气。

后来我才意识到，原来说他"nice"的都是那些对他重要的人，比如上司和惹不起的平级。而说他脾气不好的，则是那些对他不重要的人，比如不待见的下属和惹得起的平级。原来他所认为的管理利益相关者，不过是管理自己在利益相关者心目中的印象，俗称"人设"。他知道一个"nice"的人设，是受老板欢迎的，所以给自己立一个这样的人设。

这种"人设"是为了迎合别人而设计出来的，正因为是设计出来的，所以它总是完美的。但问题是没有人是完美的，所以我们经常看到某某明星人设崩塌。

而个人品牌是活出来的，你的言行举止，能让别人感受到"你是一个什么样的人"。这样的个人品牌不是完美的，却是真实的。

事实上，"品牌"指的是两个方面。

"品"，是"产品"。无论你是打工人还是创业者，如果说我们每个人都是一个"产品"，老板、客户就是我们这个产品的"买家"。我们用自己的专业能力为他们提供价值。

"牌"，是"牌子"。每个产品都有自己独一无二的牌子，牌子越硬，卖得就越贵。

很多人都会担心自己那点经历和本事根本不值得一提，没有什么拿得出手的地方，也没什么特色。

其实，并不一定最美、最好、最厉害的才能成为你的特色。山外有山，楼外有楼，就算你再好、再厉害，放到一个更大的时间、空间里，可能都不算什么。重要的不是你比谁更厉害，而是在你自己的众多特质中，哪个是最突出的。或者说，你最想让别人知道的价值点和独特性是什么。

你的特质不需要在全世界独一无二，仅仅在你所在的圈子里"独一无二"就能让你从众人中脱颖而出，而这就满足了个人品牌的"独特性"。

比如：我有一个学员，她在3个国家，4个城市工作过。这其实也不算独一无二的经历，但她才28岁，在她所在的环境中就显得独一无二了。

"独特"还可以是鲜明的个性、与众不同的打扮、幽默的谈吐等。比如我在正式场合永远穿红色，因为它是我的个人品牌色。在茫茫人海中，这种高辨识度的颜色，能让别人看得见、记得住。

一个朋友曾经跟我说，她第一次认识我就记住了我。那次我去华盛顿开会，在一场商务活动中，大家都西装革履，一本正经地站在那儿。只有我穿了一身红西服裙，一路小跑进来。她说："通常在华盛顿的这种活动中大家都穿得像出席葬礼，而你那一抹红，点亮了整个房间。"一个人可能会有很多独特的地方，在不同的场合，面对不同的对象，你需要展现你不同的一面，只有这样你的个人品牌才更立体。

比如：在一个需要我展示权威性的场合，我可能会让别人知道我个人经历中职业的高光点或者博士身份的一面。而在一个更轻松、更需要展现亲和力的场合，我会告诉大家，我的独一无二是我和我老公读硕士和博士时都是同学。我们是念 MBA 的第一天认识的，毕业第二天结的婚，而且我儿子和我们也是校友。

当然，光有这些独特性还不能形成"品牌"，如果你的这些特质不能给别人带来任何价值，那它们可能仅仅是"个人标签"而已。因此，你还需要定义你的"产品价值"。想一想：当别人遇到困难时通常会因为你的哪方面特长来找你帮忙？换句话说，就是你有哪些特别的价值可以为他人所用。这就是你的产品价值。

比如：我有一个学员非常擅长做思维导图，这就是她的价值，她经常在上我们线上训练营的时候主动把自己做的思维导图发到群里。后来我们索性付费找她给我们制作课程思维导图。

和"独一无二"一样，你可以有很多不同维度的"价值"，可以是专业层面的，也可以是生活层面的。

比如别人通常会请教我如何讲好故事，怎么才能成为一个好的领导，如何才能成为一个职场教练，中年妇女如何做好身材管理，怎么才能像我一样精力充沛，等等。当他们遇到类似的问题会来找我，因为他们知道我在这些方面很在行。

从"你是谁"到"谁知道你"

打造个人品牌是一个长期的系统工程，它包括两项内容：首先，要找到自己精准的定位，也就是回答"你是谁"这个问题；然后才能把这个定位通过某种渠道传播出去，回答"谁知道你"的问题。

这两个问题都不容易回答，而且这两者之间还相互强化。

比如：在公司里，如果你有"非常靠谱的技术专家"这样的个人品牌，很多人知道以后就会带着技术难题来找你咨询，这就让你的专业能力得到进一步的提升，在别人心目中你就更是专家了。这就是定位和传播之间的相互强化。

那么究竟什么是"定位"呢？举个例子，找工作面试的时候，通常面试官无论问什么问题，怎么问，最终都是想搞明白这两点：

· 你是谁？

· 为什么是你？

这其实就是你的"定位"。只不过作为打工人，你的定位多多少少都是跟自己所在的行业、职位绑定的。比如：你要是个 HR，你的定位可能仅限于是做 HRBP（人力资源业务合作伙伴）还是做 HR 薪酬、培训。而一旦离开公司所提供的平台，走进更大的市场，无论是选择副业，还是探索自己的职业第二曲线，都会面临重新"定位"的问题。这时候，你就不再是在现有的平台做选择题了，而是要做填空题。

比起选择题，这些填空题更难，因为没人给你选项，而你可能只知道自己不喜欢现在的工作，却不知道自己到底喜欢什么，擅长什么，怎么挣钱。

于我来讲，当年我离开企业的时候，只是想要成为一个自由职业者，但具体要做什么我也不知道。一开始很兴奋，这个想试试，那个也想做做，就像是小孩第一次在没有爸爸妈妈的陪伴下走进糖果店，可以随便选糖果时，反而蒙了，最后一转眼好几年过去了，还是不知道自己到底想要专注在哪个领域。

定位的重要原则就是不能什么都想要，否则只会什么都得不到。 就好像我认识的一位企业大学的校长跟我说的："如果一个老师跟我说他什么都会讲，那我就认为他什么都讲不好。"

个人品牌的定位越清晰，越容易吸引到对的人和对的客户。

比如同样是我们故事力的认证老师，有人把自己定位在教青少年怎么讲故事，有人把自己定位成教高管做演讲。你的定位决定了你会吸引到什么客户。但如果你今天跟别人说你教青少年，明天又说自己是高管的演讲教练，客户就蒙了。

那怎么才能找到自己的定位呢？分两步：先向内探索自己的优势和热情，再向外测试市场价值。

1.找到个人优势的三种方式

没有人能在非优势领域获得成功，也没有人能在没有热情的方向坚持。但是在探索自己的优势上，很多人会陷入一个误区：感觉自己什么都一般，没觉得哪里比别人强。这是因为没有正确理解什么是优势。

我以前也以为优势就是自己比别人强的地方，直到后来和刘佳、舒祺老师合作"职场定位线上训练营"才意识到，原来我一直理解错了。

优势，不是比别人强，而是让你会的更会、强的更强的特质。

比如：沟通算是我的一个强项，但要把我跟《奇葩说》的辩手比起来，我那点沟通能力又算得了什么？学习也算是我的强项，但要把我跟清华或北大的优等生比起来，又算得了什么？

但是，当我用"沟通"这个优势去撬动"学习"这个强项的时候，就让我有了这么一个绝活——无论多么高深的理论，只要我学明白了，我就能迅速地把它用大白话讲出来，让别人听明白。这不就是我为什么写书、写课、做培训吗？那怎么才能找到自己的优势呢？主要有三个方法：优势测评、自我反思、他人反馈。

做优势测评时可以使用类似盖洛普优势测评这种专业的测评工具。但是这种专业测评要是没有专业的教练来解读，你也看不出太多有价值的信息，所以还是建议你把专业的事交给专业的人去做。我年轻的时候没那么幸运，从来不知道优势还有测评，所以我只能在工作中，采用观察、自我反思和总结这些笨办法来找自己的优势，好在这样做也能获得自我认知。

比如我 MBA 毕业后在工厂做了 2 年供应链，后来又做了 11 年 IT，都是和机器、系统打交道的。我发现，那些做业务的老大，一听别人讲 IT 系统就发蒙，但一听我讲就明白了。原来"沟通"就是我的一个优势。

后来我在公司内外承担了很多社会职务，包括做公益活动，在这个过程中，我又发现，原来我还挺能影响别人的。

这样不断地反思、总结，慢慢地就对自己越来越了解。而专业的测评，可以用来解释和验证我对自己的了解。所以当看到我的盖洛普优势的前五项中有三项都在"影响"这个大类，我一点也不奇怪。

在我的职场定位训练营，也介绍了很多简单的自我探索方法，比如"SIGN 模型"，即 Success（成功）、Instinct（天性）、Grow（成长）、Needs（需求）优势信号模型，就可以用来在平时观察、反思、总结自己的优势。

Success（成功）—— 感觉自己肯定能做好

有些事情你还没做呢，就感觉自己肯定能成功，而且一做就能做得挺好。比如沟通于我来讲就是这样。

Instinct（天性）—— 不做就难受

就是那些不做就难受的事。比如我老公就特别喜欢创新，他每次都喜欢在培训的时候来点新花样，否则就难受。

Grow（成长）—— 做就有进步

前两种都是属于比较本能的优势，后两种就更像是后天的优势了。比如我之前虽然擅长沟通，但并不会体系化地讲一个概念。自从读了博士，我就发现这种结构化思考和"建模"的能力是我学了就会且做了就有进步的。

Needs（需求）—— 做完很酸爽

写作于我来讲，就不属于先天优势，经常脑子里一堆想法，但写起来好像又不是那么回事，就会很烦躁，总觉得自己的文字跟不上脑子。但每次写完以后又感觉很酸爽，下次还想写。

所以你看，优势不一定就是天生的，后天也可以培养。而且，你有没有发现"SIGN"的四个解释中都有"**做**"这个字？的确，**优势不是想出来的，是做出来的**，在不断"做"事情的过程中才能不断地摸索。

2.三个问题，验证你的市场价值

我参加了很多年的 Toastmasters 国际演讲俱乐部，这是一家专门提升公众演讲和领导力的非营利组织，俗称"头马"。这里面有很多对演讲感兴趣的小伙伴，但很多"头马"的朋友都有这样的问题："我每次参加演讲比赛的时候都掌声雷动，可出来做培训的时候却举步维艰，好像自己的竞争力并没有想象中的那么强，为什么会这样呢？"

道理很简单，找到适合自己的品牌定位，光有优势跟一腔热情还不够，还要接受市场的检验才行。

掌声并不代表你好，别人说你好也不代表你真好。你到底好不好，有多好，只有市场才知道，而市场上唯一信得过的衡量标准就是钱。

正如我认识不少教练朋友，他们免费做教练的时候，大家都来找，可一说要收费，人就都跑了。可见不谈钱，你就不知道谁才是你的真实用户，更不知道你真正的市场价值。

而谈到市场价值，就需要回答这三个问题：

· 你想赚谁的钱？

· 谁的钱让你赚？

· 你靠什么赚钱？

对打工者来讲，这些问题相对简单，因为在公司，无论你是编程还是财务，都是为老板、同事、客户提供服务，并由此获得相应的报酬。

但是别忘了，打造个人品牌是为了能让你"增值"，为此你就必须提供"增值服务"。也就是除了本职工作，你还能为领导、为团队、为公司，甚至为社会提供的额外价值是什么？

比如：我有一个做销售的下属，别看是个技术男，岁数也不小，但他就是特别会做PPT，而且审美非常高级。我培训的课件都是他帮我做的。这就是他在本职工作之外提供的额外价值之一，他在公司的影响力也因此和以前不一样了。

如何传播个人品牌，让更多人知道你？

我有个学员是一个研发团队的财务总监，她想在公司里建立既懂财务又懂业务的个人品牌，未来如果有一天离开企业也可以做一些财务咨询类的工作。

这就涉及打造个人品牌的第二步——传播。你需要考虑：

·有哪些传播渠道？

·用什么方式触达？

具体来讲，针对这样一个定位，当你去宣传自己的时候，受众是谁？是财务部内部的领导，还是公司的其他高管？

针对这样的受众，你打算用什么渠道去宣传？是经常在公司里写一些文章发表在内部刊物上，还是做一些线上线下的分享，或者拍短视频发在社交平台上，以及在公司外面做一些公益的甚至是付费的分享？

比如我当时从做 IT 转型去做政府关系，并没有从事政府关系工作的相关经验。于是我通过参加行业商会并成功竞选为商会董事来建立政商界的人脉资源，逐步树立一个令人信服的"政府关系专家"的品牌。

品牌传播是一个专业领域，对初学者来讲，有两个简单的方法可以迅速起步：讲好个人品牌故事，用好社交媒体。

1.讲好个人品牌故事

你有没有想过，为什么几乎所有的奢侈品都有一个品牌故事，很多大公司的创始人都会在不同场合反复讲自己的创业故事？

第一，品牌之所以需要讲故事，主要是为了体现品牌的与众不同，只有具有独特性和记忆点，消费者才会为此支付更高的溢价。比如农夫山泉的广告讲了一个"我们不生产水，我们只是大自然的搬运工"的故事。本来矿泉水就是矿泉水，但这个故事让消费者觉得这水好像有点不一样。

第二，品牌故事，尤其是创始人的故事能和消费者之间建立起情感的共鸣。马云和他的"十八罗汉"创业的故事让很多人与他产生共鸣，只不过大多数人只有那份心，却没有那份胆识，因此就更加向往。

第三，通过故事强化品牌内涵。故事赋予品牌以灵魂。本来皮包就是皮包，但奢侈品 LV 通过讲述一个从小离家出走的小皮具工匠如何把 LV 的皮箱打造为皇家专宠，进而引得全球富豪为之一掷千金的故事，让 LV 这个品牌更有内涵，同时也提高了品牌的档次和知名度。

同理，对个人品牌的传播来说，想让一个陌生人快速地认识你、了解你、认同你并信任你，最好的方式就是讲好个人品牌故事。这个故事，可以让别人记住你是个怎样的人，树立你的专家形象。

尤其是当你要跳槽、转型、转行的时候，更需要通过讲一个关于你的新故事来树立新的个人品牌形象，从而吸引到新的雇主、客户和合作伙伴。你需要通过一个故事，把你的过去和现在结合起来，将你过去的亮点迁移到现在，让别人看见你独特的价值。

比如我在创业初期用的一句话标签是："从 500 强高管，到高管教练。"把它展开变成一个故事是这样的：

我曾经在外企工作了 20 年，从一个职场小白一直"打怪"升级到高管，但是后来我渐渐陷入了迷茫，继续这么待下去不过就是拥有更高的头衔和更大的办公室，那又怎样呢？

可是如果不在外企工作，我还能做什么呢？又靠什么养活自己？我不知道答案，那段时间我非常郁闷。后来通过参加"头马"演讲俱乐部和公司内部的一些活动，我逐渐意识到我喜欢且擅长沟通，热爱帮助别人。既然如此，那不如就教别人怎么在职场"打怪"升级。所以我开始尝试做培训师和教练，帮助职场人提升沟通效率和领导力。

这个故事既解释了我为什么转型，又解释了我过往的经验如何能在新的场景下发挥价值。这样看起来，我虽然不是 HR，也没有培训师的经验和背景，但是我理解职场人的痛点，所以讲出来的东西更具有实操性。

我的书《故事力》里提供了 3 个人人都需要的故事和 6 大故事

模型、8个应用场景，其中包括很多个人品牌故事的技巧和干货，也欢迎你参考。（"有意思教练"公众号回复"故事力"，免费获取3节线上课程。）

2.用好社交媒体

普通人如果不是自带资源，而是从零开始做推广，最容易上手且性价比最高的方式，就是做自媒体——公众号、短视频等。

挑战在于，每个平台比如抖音、小红书、B站都有自己的调性，要找到最适合自己的并不容易。并且，今天的自媒体早已是一片红海[①]，因此要做好充分的准备，可能前期做很久都看不到任何效果，但我依然建议你把它当作一个专业的事情去投入，去坚持。

如果这对你太难、太费时间，那就从最常用的社交媒体——微信朋友圈开始吧。经营好你的朋友圈，是最简单有效的传播个人品牌的方式。我最初的生意80%都是微信朋友圈带来的。

现在的微信朋友圈已经不是私密的"朋友圈"了，为什么有些人的朋友圈惨遭屏蔽，而有些人却能把朋友圈经营得有滋有味，能让人记住，甚至还能形成自己独特的个人品牌呢？

首先，你需要意识到，发在社交媒体上的所有内容，都是你公众人格和社会履历的一部分。

你的每一个朋友圈post（发布）——你发的每一张照片或转发的每一篇文章都从某种程度上代表了你的价值观和个人品牌。你可以完全不发，但只要你发，别人就会通过看你发的朋友圈来了

---

① 红海：网络用语。现在常用来表示某个行业或领域存在激烈的竞争环境，难以获得突破和利润。

解你。

你不需要让每条朋友圈内容都像是经过精心修饰的文案，但起码要保证你发每条朋友圈都是一个有意识的行为。这意味着，在发之前你要多动脑子，不能把朋友圈当作发泄消极情绪的出口，因为别人没有义务当你的情绪垃圾桶。

其次，**用价值思维推广自己，销售产品。**

发朋友圈的时候，你要想想：这条信息为他人提供了什么价值？是增加了认知，提供了某些对别人可能有用的信息，还是满足了情感上的共鸣？

我通常会把我的朋友圈内容分为"生活类""干货类"和"带货类"。我会把这些内容掺着发，并且尽量做到每一条都是有价值的。生活类的内容需要具有"娱乐性"。你可以"秀恩爱"、晒自拍、晒娃，但如果不想招人烦，就要学会幽默、自"黑"，这样才能让人看完会心一笑，这就是"情绪价值"。

比如，我的一个朋友是个作家，她每次发她和儿子的对话，都让我乐不可支。

你也可以晒美食、晒景点，但不要就简单配个"好吃""打卡"，而是要说出好在哪儿，给别人一些有用的信息或建议，让它具有一定的实用性。

"干货类"的内容就是和自己工作相关的行业动态、洞察，一些有价值的干货文章、书籍推荐等。在转发这些内容的时候要配上一两句简短的总结，让别人理解为什么要看。

"带货类"的内容最难写，但好在我对自己课程的卖点很了解，只需要花心思写文案让别人理解为什么这个"货"能够帮到他。而且同样的"货"，要写一些不同的文案，不要总是发同样的内容，这会变成无效信息。

得到 CEO 脱不花说得好："这个世界不怕有钱人，不怕有权人，就怕有心人。"

经营好朋友圈需要高情商、同理心和文案能力，但最重要的是要用心。打造个人品牌也是如此，这是一条难走的路，需要用很多心思。好在难走的路通常都不拥挤。

■ 掌控力练习

发一个朋友圈，让你的朋友圈好友回答一下这个问题：如果用一种动物（不限十二生肖）来形容我，那是什么？为什么？（这个问题很重要！）

如果你得到的答案五花八门，看不出主脉络，或者所有的形容都是关于你的外形的，那意味着你的个人品牌在别人心目中并不鲜明。反之，如果大家虽然说的动物不尽相同，但原因都差不多，那意味着你的个人品牌比较鲜明。

06
用气场展现实力，强大而不强势

一个人的气场，是实力和成功中间那段缺失的链条。

——西尔维亚·安·休利特（Sylvia Ann Hewlett）

经常有女性学员跟我说："老板说我气场不够，镇不住别人。"

的确，气场强大的人，话还没说呢，往那儿一站，你就觉得他说什么都是对的。这种特质，无论在职场还是在商场，都是一种无形的个人影响力。

气场 = 权威 + 亲和

气场是一种能量状态的体现。它看不见摸不着，却实实在在能够被人感知。哈佛商学院的一份研究把"气场"这个看起来很虚的概念用两个维度来形容：权威 + 亲和。

权威，指的是让别人感到你很有胜任力，有相关领域的知识、技能、名望、自信等。

亲和，指的是让人感觉更愿意和你亲近的那些特质，比如真诚、共情、信任、幽默等。

前者属于雄性气质，后者则是雌性气质。而那些所谓气场强大的人，通常是"雌雄同体"的。换句话说，他们该权威的时候就权威，该亲和的时候就亲和。

当权威不够，亲和过度时，别人就不把你当回事，你也镇不住人家。就好像我有位下属经常跟我抱怨，为什么同样的提议，她说我就不重视，而团队里另外一个人说我就觉得有道理。仔细想想，其实就是因为另外那个人让我感觉更有权威。

而当权威过度，亲和不够时，就会给人以距离感，别人不愿意走进你心里，你也走不进人家心里。男性领导经常会遇到这方面的挑战。

《哈佛商业评论》有一篇颇受争议的文章，作者（是位男性）指出：职场上的女性高管之所以比较少，是因为很多位子都被不能胜任的男性占了。而他们当中相当一部分人仅仅是因为"显得更有气场"而让人误以为他们更有能力，更能胜任高管岗位。

你看，实力虽然很重要，但是让别人觉得你有实力同样重要！

这种让自己显得更有实力的能力是很多职场人缺乏的。气场强大的人之所以自带光环，归根到底还是因为自信。这种自信的外在投射就是气场，而气场又带来更大的吸引力和更多的跟随者。

所以有时候也很难讲究竟是气场强大的人有领导力，还是有领导力的人更有气场。但有一点很确定，在职场中，当你越往上走时，这种领导者所特有的"气场"，俗称"领袖气质"，就越重要。

别人需要先觉得你有"高管的样子"，才觉得你能胜任高管的岗位。

通常，这个问题会出现在评估总监级别以上的候选人时，这个时候公司和 HR 不会单看实力，还会看这个人是否具有"领袖气质"。因为越往上走，权力的辐射面越宽，你就越不能靠职位、权威这种硬实力来压别人，而是要靠软实力来赢得人心，让别人愿意信服你、跟随你。

单说实力，无论是专业能力还是解决问题的能力，衡量标准相对客观，有就是有，跟性别没有太大关系。但一说到这个看不见摸不着的"领袖气质"，女性就吃亏了。

女性要表现得比男性更优秀才能被注意到，所以我们必须专注和以结果为导向，不能被别人诟病"情绪化""心太软"，于是很多人慢慢地把"同理""亲和"这些本来是女性优势的特质磨掉了。

而这又会招致另外一种"嫌弃"——不够幽默，不够有魅力。

在形象上，你既要好看养眼，但又不能太扎眼；在穿着上，你既要显得专业，但又不能太古板；在谈吐上，你既要幽默，但又不能显得太贫嘴……总之，你既要显得自信，有权威感，但又要亲和，不能太强势。

就像《哈佛商业评论》的研究指出的，当人们在看一个人的"整体素质"时，男性领导有几条优秀、突出的特质就够了，而女性领导就恨不能所有的"钩"都打上，才能被人认为是"有魅力"的领导。

很不幸，这就是职场女性所面对的现实，职场一直在用严苛的双重标准来要求我们。你当然可以选择抱怨这个游戏规则不公平，也可以选择先适应游戏规则，再通过自身的"上位"来改变游戏规则。

那么，怎样才能迅速提升自己的气场，做到气场强大又不强势？又该从哪几个维度打造自己的领袖气质呢？

展现自信的小窍门：掌握形象管理技巧

《存在感》(*Executive Presence*)的作者西尔维亚·安·休利特从小在英国农村长大，即便进入牛津大学，也因为穿着、谈吐土里土气被人嘲笑而无法获得很多机会。

这促使她后来潜心研究领袖气质到底是怎么来的。通过调研上百名高管，她的结论是：这其中67%来源于行为举止，28%来自表达，还有5%源自外在形象。

领袖气质的3个维度

行为举止更多是指你平时的做事风格，包括你是否表现得自信，尤其是在危机情况下是否能"沉得住气"；在决策的时候能否当机立断，敢做敢当；在权威面前是否敢于说真话、有担当，能让人感受到你的领导力。

对女性来说，如果能够克服完美主义、过度控制、"我不够好"这些"心魔"（我在本书第二部分会展开说），自然就会变得更自信。但这样的改变需要时间。有没有什么方法可以迅速提升气场，最起码从表面上显得更自信呢？

有！你只需要在表达和外在形象方面稍稍做出一些改变，就能带来大大的不同。

先说最表面的那 5%——外在形象。因为形象是个"过滤器"，如果别人一眼看过去就觉得你不是个有趣、有料的人，就已经失去了想要知道你是不是真的有趣、有料的兴趣，这多可惜！

说到职场女性的形象管理，很多人想到的就是怎么变得更美。但在我看来，形象服务于目的。

职场女性的形象管理只有一个目的，不是让自己更美，而是让自己显得更自信、更专业、更有气场。你要追求的不是"回头率"，而是"点头率"。假如你本来是想通过好的第一印象让别人看到你的内在实力，结果关注点都被你的妆容抢镜了，反而使别人忘了去关注你的内在实力，岂不是本末倒置？

因此在形象管理上需要把握好两个原则：

第一，不是要穿得美，而是要穿得对。

所谓"对"，就是要有"角色感"，懂得自己在不同场合的不同角色，并且由此来把握权威和亲和的平衡。如果这个场合是你的主场，你是主角，你就可以稍微高调一点。相反，如果你是去参加别人的会议，人家是主角，你就要稍微低调一点。

很多年前，我刚接手一个美国团队时，第一次去芝加哥见我的团队成员，我走进会议室的时候，对方是坐着的，等我们谈完站起来，我才发现，天哪，他得有一米九那么高。幸亏我知道那天我的角色要求我建立权威，而且我是主角，所以我特地穿了稍微正式的衣服和高跟鞋。

我建议你每天早上先看一眼日程表，看看当天都有什么日程再决定穿什么。

比如：如果你需要开一个正式的会，面对很强势的谈判对手，需要展现权威，那就可以通过穿一些有肩有领的正装或者职业套裙来提升自己的权威度。

如果不需要显得那么权威而是要展现亲和，那就需要穿一些面料更柔和的衣服来中和一下自己的权威度。

第二，不要穿得跟现在的岗位匹配，而是要穿得像下一个岗位的样子。

我大学毕业后的第一份工作是在一家外企做前台小妹。当时我有一个女老板，特别高冷，我很怕她。有一天她从我身边走过，上下打量了我一下，冷冷地甩下一句话："You should dress for the job you want, not the job you have." 这句话的意思是：你要穿得像你下一个岗位的样子，而不是现在的岗位。

我当时都蒙了。但现在想起来，这可能是我在年轻的时候收到的最有价值的建议之一。我那时候还是穿得像个大学生一样，倒是和前台小妹的身份相符，却跟自己想要去的方向不符。后来，我仔细观察办公室其他人都穿什么，尽量穿得比人家档次低一点，但又比原来自己的 T 恤加牛仔裤的档次高一点。

我花了很久来探索自己的穿衣风格，最终才找到最适合自己的。在这个过程中，我慢慢意识到，你的形象并不仅仅是一种外在的表现，而是一种外在的表达。它是你向这个世界发出的声音——宣告你是谁，你想成为谁。

如何在表达上彰显气场？

在领袖气质中，表达占28%，这一点也不奇怪，因为越往上走，工作内容中表达的占比就越高。一个高管一天之内大概80%的时间都是在跟不同的人开会。

表达不仅仅是你说什么，更是怎么说。一位法国心理学家认为："在人际交流中，占第一位的是姿势（55%），其次就是声音（38%），而人们最为留意的语言、措辞只占7%。"

1.像获胜的龙虾一样昂首挺胸

想在表达中提升权威感，首先要注意姿态。这可能是见效最快的提升方式了。

你现在就可以试试。无论你是站着还是坐着，把自己的双肩打开向后，头抬起来，就像是刚打了胜仗一样，骄傲地目视前方，深呼吸，现在是什么感觉？是不是感觉自己更自信了？

然而很多人在公众表达的时候，都是站——站不直，坐——塌着腰，或者双手交叉放在胸前好像总处于一种防御状态，这些看似很小的细节都在向别人传递着不自信的信号。而只要你能有所觉察，并且调整姿态，马上就会让自己更自信。

《人生十二法则》这本书中提到的人生法则之一就是要像一只获胜的龙虾一样昂首挺胸。作者在书中解释了这背后的科学道理。当龙虾采取了更强势的姿态时，它的血清素会随之提升，变得越来越像胜利者一样，而这又决定了它的姿势，让它更像个胜者，而不是像猎物一样一直处于防御状态，等着被别人猎取。

姿态的改变始于心态的改变，同时姿态的改变也会带来心态的改变。当你笔挺地站着，肩膀向后，就是向全世界宣告：我是强者，你们要听我讲。这种宣告不仅仅是对别人的，也是对自己的，它会让你进入一种良性循环，越来越自信。

2.改善音量、音调、音质和语速

女性从小被教育要文雅，说话要细声细语，所以在公众表达的时候音量偏低，听起来像没吃饱饭一样。本来讲的是自己专业领域的内容，但给人的感觉就好像很没有自信。稍稍提高一些音量和声音的穿透力，就会让你显得更有气场。

一个人的声音，体现的是自己的内在状态。比如：说话太快，不仅仅是语言习惯上的问题，内心也一定是火急火燎的。

就好像我之前辅导的一个女高管。当我提醒她说话太快的时候，她说自己意识到了，但上班要工作，回家还要辅导孩子，所以要追求效率啊！

比起效率，效果更重要。让自己慢下来，会让你显得更稳健，更从容，无论是做工作汇报还是公众演讲，都能更好地把控全场。

让自己慢下来，也是给自己思考和缓冲的空间，让自己能平复情绪，调动理性思考，在处理问题时也能更游刃有余。

人的平均语速是 1 秒钟 4 个字，也就是相当于每分钟说 240 字左右，这个语速在平时的工作沟通中算是比较合适的。体育解说员为每分钟说 360 字左右，而如果你观察马云、乔布斯的演讲，他们每分钟说 130 字左右，为什么这么慢呢？

因为原则上，公众演讲的时候，台下的人越多，场合越正式，语速就要越慢。这样可以更好地彰显自己的权威感。

女性的音调天生就比较高，但音调太高，听久了会让人觉得特别累。而且有些人天生娃娃音，怎么听都觉得像幼儿园老师。很难想象这样的声音在台上能"震慑"住一屋激素满满、屁股坐不住的高管。

当然，我们的音调、音色多半是天生的，口音也很难改。但如果你想改，就一定能改。

撒切尔夫人刚进英国国会的时候，曾经被批评声调太高了，缺乏权威感。于是她请了专业人士，花了很多时间练习，把声调变得更低沉，果然效果不一般。有人说："声音是灵魂的音乐。"调整自己的声音，包括音量、音调、音色和语速，就是让自己灵魂的音乐更动听。

提升幽默感，别太把自己当回事

在表达中，最能展示领袖气质但也最难的大概就是幽默感。

麦肯锡咨询公司的一份研究报告指出：有幽默感的领导，能让人感到更受鼓舞，其员工的敬业程度也更高，他们所带领的团队解决创造性问题的可能性是其他人的两倍以上。

不只是领导，对普通人来说，幽默感也很重要。沃顿商学院进行了一系列研究，要求参与者评估那些在发表演讲或回答面试问题时使用幽默或保持严肃态度的人。

结果发现，有幽默感的人被认为更自信。因为幽默是有一定风险的，你要承担冷场和被冒犯的风险。敢于展现自己幽默感的人一定对自己很有信心，别人也会认为他们更聪明，更有能力。

这一点，我在给高管们讲课的时候不断得以印证。只要我在一开场能用风趣幽默的自我介绍成功破冰，这个场子和场子里的人就是我的了，之后我讲什么他们都能听得进去。

然而，很多人认为幽默感是与生俱来的，自己根本就不具备幽默的潜质。

一位学员曾经跟我分享她的成长经历，让我触动很大。她说："幽默感在我家像雨水之于沙漠，极其缺乏，甚至大声笑都不被允许……长大后，缺乏幽默感让我谈话变得生硬无趣，很容易把天聊死，窘迫又尴尬。我常担心别人笑话自己而不敢发言，看见领导通常躲着走，看到凑在一起聊天的同事也不知该如何加入。"

最后她问我："不知道我这片贫瘠了40年的土地，还能不能发出幽默感的芽？"

的确，有的人天生自带喜感，但这并不意味着幽默感是后天学不会的。很多政客在竞选的时候表现得很幽默，其实是因为他们有一个专门负责写稿的团队，帮他们斟酌演讲稿和增加幽默感，以此来提升自己的亲和力，拉近与群众的关系。

在幽默这件事上，刻意练习比天赋更重要。大部分的幽默并不来自灵感，就像大部分的即兴故事并非即兴，背后自有一套思维方式和技巧。刻意练习简单来说包括两点：

1.从独特的角度展现你的风格

我们每个人都有幽默感，关键是要找到属于你的幽默风格。正如我的好朋友，《幽默感》的作者李新老师说的："真正的幽默应该是原创的，能反映出你的个性，是一种饱含智慧和力量的自我表达。"有幽默感的人通常能站在一个独特的视角去观察这个世界，这个视角跟正常的视角是有偏差的。但也正是这个偏差的角度造成了新奇感、意外感和幽默感。要做到这一点，你并不一定非要学会写段子，只需要比别人多一点天马行空就行。

我以前在外企工作的时候，每逢放假，大家都会给邮箱设置一个自动回复，内容不外乎："中国办公室因为×××节日放假了，有急事请联系×××或拨打电话×××。"

有一年端午节放假前，我突发奇想，把我的自动回复设置成了：

中国办公室因端午节放假了，在端午节，我们中国人通常会吃以下哪种食品？

A.饺子

B.春卷

C.粽子

如果你不知道答案，请咨询我老板。

我的老板 Ron 是一个 60 多岁，非常有个人魅力的老爷爷，一点也没有副总裁的架子。等放假回来，他问我："怎么回事？为什么前两天每个人都来问我中国的端午节吃什么？"

你看，别人都是中规中矩地写一个"自动回复"，我偏偏出了个文化知识小测试，还把老板当 Siri（苹果智能语音助手）使，这就让人觉得挺新奇的。

你可能会说："天哪，你怎么敢和老板开这样的玩笑？"

没错，幽默这事，的确分人、分场合，更要分不同的组织文化和地域文化。尤其是在职场上，两个人之间要有一定的信任关系，才开得起玩笑。这种对尺度的把握需要经验和智慧，更需要勇气。

西方有一个谚语，叫"The Elephant in the Room"，直译是"房间里的大象"。意思是屋子里有一头大象，但屋里的人都假装没有看见。如果你有勇气把这个"大象"说出来，你就说到了大家的心坎上，大家自然就笑了。

有一次，我给一家公司的管理层讲"如何打造领袖魅力"，我一开场就跟下面坐着的总裁说："照理呢，应该先请您讲两句的。但之前我和 HR 商量了一下，大家一致认为老板您太能说了，您要一张嘴，就没我什么事了，所以还是最后再请您发言吧！"

大家谁也没想到我一个外人，上来就揭了老板的"老底"，这种"意外感"让大家都愣了一秒钟，然后发出了爆笑，成功破冰。

2. "自黑"是最容易上手也最安全的幽默

幽默的本质需要有一点攻击性，但火候把握不好就很容易翻车。所以，对小白来讲，最安全的是攻击自己。

我非常认同李新老师对"幽默"的定义："**幽默就是从一个有趣的视角来讲述痛苦和真相。**"

平时说话大家都会说自己喜欢什么、擅长什么，很少谈及自己的失败和痛苦。其实幽默就是把生活中的失败、痛苦和糟糕的故事用另一种方式表达出来，从另一个角度给人启迪。

讲《故事力》课程的时候，我经常让大家选择，是想听我成功的故事，还是高考失利的故事。无一例外，大家都想听我的失败故事。想不到，当年令自己痛不欲生的经历，30多年之后，竟然成了个段子。

所以说：喜剧＝悲剧＋时间。

"自黑"说起来容易，但是很多人提及自己的弱点时，会觉得很尴尬。我们从小所受的教育让我们认为弱点是要拼命掩盖的东西，是自己不愿意直视的东西，怎么还能以幽默的形式表达出来呢？

答案是"以毒攻毒"——你需要一份长长的"弱点清单"，然后试着"黑"自己，你会发现"黑"着"黑"着自己就免疫了。

而且，你都说这是自己的弱点了，谁还好意思没完没了地抓着这一点攻击你啊！痛点一旦被戳多了，公众反而对这个痛点失去了新鲜感，就不会再烦你了。这就是《吐槽大会》被叫作"明星洗白大会"的原因，也是现在很多领导甘愿在年会上被员工恶搞甚至"自黑"的原因。

能把"自黑"当作幽默的前提，是接纳自己的不完美。

以前我很在意别人说我长得黑，但自从我接纳了这一点，我经常先拿自己长得黑开刀。女人的年龄通常是禁忌，但随着我越来越老，我倒也"虱子多了不痒，债多了不愁"了，非但没有年龄焦虑，反而还经常拿自己的年龄开涮。

我的朋友看我的朋友圈都说："论'自黑'，没人比得上你！

'黑'完自己'黑'老公，'黑'完老公'黑'儿子，连老爸老妈都不放过。"是啊，我"黑"他们是因为我爱他们。

幽默是爱他人，更是爱自己。生活就像一场永不谢幕的即兴戏剧，没有彩排，也不可能一帆风顺，而幽默是面对人生不完美最好的办法。当我们拿出面对惨淡人生的勇气，假以时日，悲剧也能变成喜剧。

在我看来，幽默不仅仅是一种能力，更是一种生活态度。有幽默感的人总能让你看到生活的明亮面，用喜乐的视角面对生活的恶意。而这不就是自信的终极表现吗？这种自信反映出来的就是"气场强大"，而且越自信就越有气场。

■ 掌控力练习

1.让别人就你的气场用1—10分给你打分，然后你分析一下：自己究竟是权威不够、亲和过度，还是权威过度、亲和不够？你打算如何提升自己的气场？

2.在朋友圈发一条自己的倒霉事来"自黑"，看你得到的点赞是不是比平时多。

Part 2

自洽：

看见脆弱，远离"心魔"

NO LIMITS

01

觉得自己不够好，并不会让你变得更好

> 你一直都在责备自己，但不管用，那不如试着放过自己，看看
> 会怎么样。
>
> ——露易丝·海（Louise Hay）

以前在公司，每次被提拔，我都觉得是老板看走了眼。

比如，当年我从中国区被提拔到亚太区做总监的时候，我就想："放着那么多新加坡人不选，为什么选我？说不定老板早晚会发现我其实根本不能胜任。"

几年后，当我从亚太区被提拔为全球高级总监的时候，我又想："放着那么多美国人不选，为什么非选我？说不定他早晚会发现这其实是个错误。上一次虽说我干得不错，但那不过是幸运罢了，我运气哪有那么好，这次还会再来一次？"

《哈佛商业评论》的一份调查发现，在为自己的绩效打分时，女性给自己打的分要比男性低 33%。

换句话说，脱口秀演员杨笠那句有名的梗"为什么有些男人

明明那么普通，却可以那么自信？"让很多人感觉是在恶意抹黑男性，但现实生活中的确有很多女性优秀却不自信，总觉得自己还不够好。

更可怕的是，从小到大，很多人都认为自己是被"我不够好"激励着走到今天的，因此也要继续用它激励下一代，甚至不止一次，有女性学员私底下找我咨询："老公不上进怎么办？而且怎么说都不听！"

其实，"我不够好"的心态并不能让你变得更好，更不能让他人变得更好，因为没有自我慈悲的上进是一种"伪上进"，而对他人没有慈悲心的敦促，于己于人都是一种伤害。

一边过度努力，一边自我否定

奥斯卡最佳女主角奖获得者娜塔莉·波特曼在哈佛演讲时曾说："即便是毕业 12 年后的今天，我仍然对自己的价值毫无自信。我必须提醒自己，你来这里是有原因的。我今天的感受跟我 1999 年初到哈佛成为新生时的心情一样……我感觉肯定是哪里出了错，感觉我的智商不配来这里。而我每次开口说话时，都必须证明我不只是个白痴女演员而已。"

连奥斯卡最佳女主角都这么想，难怪我们普通人会经常觉得自己那么普通。清华大学社会科学学院积极心理学研究中心赵昱鲲老师认为：从进化心理学的角度分析，女性在两性关系中付出更多，所以作为被付出的男性会普遍更自信。而传统教育、社会认知又让很多女性，甚至非常优秀的女性，都很难"内化"自己的成就，不能从内心里接纳那些被外界认可的成就。

尽管已经有种种外在证据表明了你的能力，你仍然觉得自己配不上这样的成就，总觉得自己不过是运气好一点罢了，总有一天，运气会用尽的，自己也会被别人揭穿——"我就是一个骗子，冒牌货！"

心理学家管这种现象叫作"冒名顶替综合征"[①]，患有"冒名顶替综合征"的人通常有以下几个表现：

1. 特别勤奋。为了避免被其他人"识破"自己是个"骗子"，他们会比别人付出更多的努力。这样的努力奠定了他们成功的基础，但同时又给了他们巨大的压力。为了不出错，他们还会做过分充足的准备工作，并反复检查，纠结于细节（这有时可能导致拖延）。

2. 不敢挑战权威，也不敢表达自己的真实想法。因为他们觉得自己的真实智商和能力有限，提出的问题可能会十分愚蠢，暴露了自己真实的面貌。所以在学校，他们总是成绩又好又听话的好学生，在公司也一定是努力工作、听领导话的好员工。

3. 特别害怕失败，不敢走出舒适区进行新的尝试。他们总是认为：我能够走到今天，有现在的成就，已经很不错了，幸运女神能照顾我一时，但不能照顾我一世。生活一旦发生变化，进入新的领

---

① 冒名顶替综合征（Imposter Syndrome）：这个词在 1978 年第一次被心理学家宝琳·克莱森（Pauline Clance）和苏珊·艾美斯（Suzanne Imes）提出。她们发现，在那些被社会定义为成功人士的人中，有一批人有一些共同特征，即被外界认同，但贬低自我；低估自己的成就，将成就归功于外界因素。——作者自注

域，他们就会觉得无比紧张，陷入一种既过度努力又自我否定的恶性循环。

当然，另有研究表明，很多有上述表现的人其实并不是真的不自信，这只是一种自我保护的策略。

就像我们上学时总是会遇到的一类同学，每次考完试都说自己考得不好，可每次成绩出来的时候都名列前茅。这样的人也许从小父母就对他们要求严格，为了不让父母失望，他们就用降低别人的预期或者自嘲的方式来保护自己。

事实上，我们早期的自我认知多半来自父母、老师和身边的人，以及他们对我们的评价。美国作家佩吉·奥玛拉（Peggy O'Mara）曾经说过："我们对孩子说话的方式，就成为他们内心的声音。"

的确，没有一个孩子生下来就觉得自己"不够好"，就好像我小时候并没有觉得自己长得丑，是身边的人，老师、父母、亲戚不断说我"又黑又丑"，我才觉得自己丑。

在成长过程中，这些别人给我们的负面评价和由此带来的负面情绪，如果没有被合理消化，就会在你心里形成一盘"羞耻磁带"，而且总会在你最脆弱的时候，不请自来地自动播放。

你看到一个好的主管职位，刚想申请，就有一个声音说："哎哟，就你那点情商，怎么可能镇得住这些人呢？"

你看到一个好的男生，刚想请他一起出去玩，又有一个声音说："也不瞧瞧你这岁数，你这身材，人家怎么会理你呢？"

长大以后我还特意问我妈："我小时候，你是真的觉得我很丑吗？"她说："我没觉得你好看，但也并没觉得你丑，我就是想让你多读书，而不是把心思都放在外表上。"（这不就是"人丑就要多读书"的意思嘛！）

你看，这就是很多人一直秉持的信念：要是自我感觉良好，那就不会进步了！正是因为觉得自己还不够好，所以才一直鞭策自己要不断努力。

但真的是这样吗？为什么觉得自己不够好，并不会让你变得更好，也不能让他人变得更好？

羞耻和羞愧的区别

回答这个问题，你需要理解"羞耻"和"羞愧"的区别。我以前有一个员工，每次给她反馈的时候，都得小心翼翼的。如果你说她有十样好的地方，有一样需要提高，她就会记住那一样。然后就会觉得自己是不是特别差，于是在工作中畏首畏尾。

可想而知，这样的员工我愿意跟她沟通吗？我敢重用她吗？不愿意，不敢，因为还不够我哄她的呢。那她还能有成长吗？

她的问题是把"事"和"人"，把"我做得不够好"和"我不够好"，混在了一起。

前者是羞愧，后者是羞耻。

羞愧＝我做了一件很糟糕的事。

羞耻＝我很糟糕。

羞愧有可能产生积极的作用，而羞耻的影响一定是消极的。

《脆弱的力量》的作者布琳·布朗（Brené Brown）教授花了十几年研究羞耻这个领域。有一次她坐飞机，旁边的老太太问她：

"你是做什么的？"她说自己是大学教授，对方就跟她热情地攀谈起来，后来对方又问了一句："那你是研究什么领域的？"她说："我研究'羞耻'。"从此之后，那个老太太整个飞行途中再没跟她说过一句话。

没有人想要谈论羞耻，但每个人都会感到羞耻。

给我们带来羞耻感的东西有很多，男女通用的包括金钱、工作、疾病、创伤，而在女性身上最普遍的是外形、外貌、年龄和身份——你是单身还是已婚？你有孩子吗？你是全职妈妈还是职场妈妈？

我儿子的学校有很多全职妈妈，以前每次我去学校的时候，看到那些全职妈妈投入了很多时间陪伴孩子，还通过担任家长委员会职务为学校做贡献，我都会有种淡淡的羞耻感，觉得我不是好妈妈，我在用事业上的成就感来掩盖自己在孩子身上没耐心的问题。

但有一次我跟一位全职妈妈聊天，她说："我妈经常说我念了这么多年书，还出国留学，最后就当个全职妈妈，真浪费！"她说的时候，也带着一种羞耻感，那种自己的价值没有被最亲近的人认可的羞耻感。

那一刻，我感觉既可笑又可悲。我们都在尽自己的努力做到最好，却又都在为自己感到羞耻。

别人给我们贴的标签也是羞耻感的重要来源。

比如，有的妈妈看孩子不爱叫人，就忙着解释说："我们家孩子就是内向，不爱说话。"本来内向没什么不好，可这么一贴标签，孩子内心的感受就是羞耻。下次见到生人，他更不会主动说话了。时间长了，"内向"这个性格特征，明明可以是一个优势，却被孩子认为是给自己带来羞耻感的特质。

我们都有羞耻感，但又都不想承认。可如果我们不坦然接受自己的羞耻和由此带来的挣扎，就会认为自己哪儿都有问题，认为自己很糟糕、有缺陷、不够好。久而久之，无论自己做得多好，还是会觉得不够好。

事实上，羞耻就是指一种觉得自己不够好，因而不值得被爱和没有归属感的强烈痛苦感受或体验。

只有感觉好，才能做得好

我小时候有很多让我印象深刻的羞耻记忆，其中印象最深刻的一次是：我上高中的时候，物理很糟糕，偏偏物理老师的儿子是我同桌。有一次物理考试，老师当着全班同学的面说我抄我同桌，也就是她儿子的卷子。不但被冤枉了，还被当众羞辱，我气得哭着跑出了教室。后来我发誓下次考试一定要考好！结果下一次果然考了90分。

但我的物理成绩从此就突飞猛进了吗？并没有。

"我不够好"以及由此带来的焦虑、恐惧、羞耻，不会让任何一个人感觉好。它也许会在短期迫使你"表现"得更好，但从长远来讲，并不会让你变得更好。因为羞耻和恐惧也许能让你进步一时，但不能让你进步一世。

这其中的道理很简单：你不可能用负向的驱动力帮你到达正向的方向，你更不可能靠羞耻来激励他人，达到帮助他们成长的目的，无论是老公还是孩子。

有一次，有个女学员在线下见面会后等了我很久，就是为了问我怎么才能让她老公更上进。她说："我和我老公，就像坐了两部不同方向的电梯，我一直向上，而他一直向下，感觉我们就要这样错开了……但无论我怎么说他，让他别再一天到晚打游戏了，多读点书、挣点钱，他就是不听。"

其实他不是不听，而是他羞耻到不知道怎么回应。

当你嫌老公不上进的时候，话里话外地说谁家又买了新车，谁家孩子暑假要出国参加夏令营。你老公好像对你说的话没有任何反应，只是默默地回到自己的房间关上门。他也可能烦躁地跟你说少啰唆几句，甚至恼羞成怒地跟你吵起来。

总之，在你看来他就是没听进去，但其实他听进去了，而且他也一直暗暗地为自己努力不够、挣钱不多感到羞耻。只是他绝不会跟你说："亲爱的，你这么说让我感到很羞耻。"你想，连你都未必能说出这话，一个大老爷们怎么能说出口啊？

无论是老公还是孩子，当他感到羞耻的时候是很难改变的。因为改变需要能量，而他仅有的那点能量全用在辩解、反抗和自我保护上了，他哪儿还有能量去改变自己啊？

羞耻，作为一种负面情绪，它的痛苦程度和"恐惧"并驾齐驱。而我们对痛苦的第一反应就是自我保护，就像手被火烫了，自然就会马上缩回来。当一个人感到羞耻的时候，也会出于自我保护而逃避。

比如，为了不失败而不去尝试新的领域，就待在舒适区里。反正只要我不去尝试，就不会失败，也就不会感到羞耻！

为了保护自己而去责怪他人也是很常见的，反正不是我的问题，那一定就是你的问题。就好像我的那位下属，最终她认为这个公司的环境并不适合她，因此选择离开，但辗转了几个公司之后，她才发现问题在她自己而不在别人。

一个人只有感觉好，才能做得好。而要想感觉好，就必须远离"我不够好"的羞耻感。

如何远离"我不够好"的羞耻感？

我们都会因为各种原因感到羞耻。不一定是什么具有创伤性的大事，可能就一点小事，比如同事、老板、朋友说得不合适了或做得不合适了，都有可能触发我们的羞耻感。

羞耻，就像是一个时常来拜访的客人，我们无法把客人挡在门外，而是需要学会和这个讨厌的客人共处。

客人来你家的时候，你总不会不跟人家说话，把人家晾在那儿吧？但你也不会跟人家说个没完没了还留人家过夜。当"羞耻"这个客人强行拜访你家，还跟你说了一堆让人烦的话时，你需要有能力跟它说："好，我听够了，你可以走了。你该干吗干吗，我也要该干吗干吗去了。"

这样的能力和定力如何培养呢？跟你分享四个方法：

1.提高觉察，找到原因

我有一个做培训的朋友，她特别勤奋，每天早上五点半起来写作。她不仅特别自律，还特别专注，不像我，经常想起一出是一出。看到她每天坚持发视频号，我就会心生嫉妒……

在嫉妒之心冉冉升起的一刹那，我有种不舒服的感觉。仔细咂摸一下那个感觉，我很清楚我的嫉妒来源于羞耻感。我感到羞耻，觉得自己不如别人。于是我对自己说："哦，是觉得自己不如别人啊？嗯，知道了。"

想要远离羞耻，首先要学会识别自己的"羞耻"。

这听起来简单，其实是一项需要练习的能力——你需要学会培养对情绪的敏感度，能够区分不同的情绪。

美国心理健康研究所的研究发现，羞耻感带来的痛苦和肉体上的痛苦，在强度上是完全具有可比性的。所以，当我们感到羞耻时，身体层面是有感知的。

比如，我感到羞耻的时候，就有整个胃都蜷缩起来且喘不上气的感觉，就想一个人缩起来，缩得越小越好，恨不能消失了才好。

每个人的感受都不一样，有人会感到肩膀紧了起来，也有人是头晕……你可以看看你的感受是什么，记住那个感受，下次就可以捕捉到它，然后问问自己："这种感受究竟是由什么引起的呢？"

找到原因之后，就可以进入下一步了。

2.换框思考，从不同角度审视问题

我觉得自己"没有别人勤奋"，但这是真的吗？

不是的，虽然我不能每天五点起床写作，不能坚持每天发视频，在这方面看起来比较懒，但我在别的地方一点都不懒啊！

这样想并不是在为自己找借口，而是一种理性的思考。当你被非理性的情绪控制的时候，是无法想出理性的答案的。就好像你不可能跟一个撒泼耍赖的人讲道理。

而一旦你能进入理性思考的状态，就有可能从不同的角度来审视当下的问题，好像给问题换了一个框。事实上，当我这样做时，我很快就意识到，也许我不是不够努力，而是一直在用战术上的勤奋掩盖战略上的懒惰。

换框思考有很多方法，比如：

第一，把"能力问题"换成"意愿问题"。

有一次，我邀请一个教练朋友来参加直播，她的第一反应是："哎呀，我行吗？"她识别出自己的羞耻感，恢复理性思考之后，问了自己一个问题："你愿意吗？"

她的答案是："当然愿意！和有意思教练做直播这么有意思的事有什么不愿意的？"

当你开始质疑自己的能力时，请把"我行吗？"换成"我愿意吗？"。改变问题，就可以快速转移注意力。如果你确定自己有意愿，接下来问题就变成怎么做了，你会马上进入行动模式，而不会老想着我到底行不行。

第二，把"质疑自己"换成"帮助别人"。

问问自己："在我现在怀疑的这件事上，我能为他人提供什么价值？"

这个问题可以把注意力从"别人怎么看我？""我够不够好？"这种自我怀疑的状态中拉出来，从以自我为中心，转换成以他人为中心，也就是"我能为别人做什么？""别人可以从我这儿获得什么？"。

和所有人一样，我每当上台演讲之前，也会很紧张，尤其是现在我经常会在几百上千人的企业年会、高峰论坛上作为主旨嘉宾发言，不紧张是假的。但我不会试图告诉自己不要紧张，因为那非但没用，反而让我更紧张。我会把"我行吗？"这个问题转化成"我能为观众提供什么价值？"。

一旦这么想，我就立刻摆脱了"心魔"的劫持，进入了理性思考模式。

第三，把"当下"换成"过去"或者"未来"。

如果把时间比喻成一条线，过去、当下、未来，这些既是不同的时间点，也是不同的框。

当你卡在"当下"这个时间框里，就像"不识庐山真面目，只缘身在此山中"一样，会陷在自己的问题里，忘记自己本来拥有的资源和优势，觉得自己没有能力应对眼前的问题。

还是回到演讲的例子，当我把自己换到"过去"的时间框，我想到了自己曾经在台上 hold（控制）住全场的样子；而当我把自己换到"未来"的时间框，想象着自己站在台上，万众瞩目、光芒万丈，下面的人都用期待的眼神看着我，在这种更积极的情绪体验中，我就能找到力量。

无论是换框到过去还是未来，其实就是把自己从当下的困境中抽离出来，从不同的时间点去看同一件事情。

比如，当你想要接受一个新的岗位，但又担心自己不能胜任的时候，你就可以问问自己：

·你曾经遇到过的最难的项目是什么？当时你是怎么完成的？

·老板和同事们评价你最大的优势是什么？你又是如何在那个项目中发挥优势的？

当你被积极体验影响时，会增加自信，提升能量，更好地解决当下的难题，而不是卡在左右为难的状态中。其实，你在每件事情上都至少有三个以上的选择，让你左右为难的，不是能力，而是你的"心魔"。

3.不自信的时候，那就相信别人吧

这一点是我的独门秘诀。

之前每次我被提拔之后都觉得特别没有安全感。于是我告诉自己："算了，你不相信自己能胜任这个岗位，那总得相信你老板吧？他阅人无数，会把一个没能力的人放到一个重要的位子上，然后让别人看他的决策是多么失败吗？肯定不会啊！"

每次这么一想，心里就踏实多了。当你不能理性看待自己的时候，就相信那些能这样做的人吧！

最后，告诉你一个对我非常管用的"咒语"。感到"我不够好"的时候，我会对自己说："我可能没有自己期望的那么好，但也一定没有自己想象的那么糟。我就是我，不好也不坏。"

4.分享感受，把羞耻说出来

把羞耻感说出来是最厉害的一个招数，但也是最难的一步。

通常当我们感到羞耻的时候，只想缩起来，不想跟任何人说话。如果你敞开心扉，把自己的感受说给别人，这种交流不仅有助于建立客观的自我评价，也会让你意识到，其他人也并不是你想象的那么完美。

有一次，我跟一个朋友说起我有不自信的时候，朋友说："我也是啊！"

我特别惊讶："怎么可能？你？清华的高才生，麦肯锡出来的精英，我还以为你特别自信呢！"

你看，再优秀的人也有不自信的时候。不过找人倾诉要找对人，并不是所有人都像我们做教练的一样，懂得深度聆听，很多人非但不会耐心倾听，还会说："就这么点小事啊，至于吗？"这种满满的评判不但起不到安慰作用，反而会造成二次伤害。

找不到可以诉说的对象怎么办？那就成为自己的朋友，而且还得是一个带着"慈悲心"的朋友。

创业是孤独的旅程，很多苦没处诉说。而且作为女性，我总是有种天生的责任感和保护欲，想给团队提供最好的机会但又做不到，就会觉得自己"不够好"。每当这时候，我会在内心先抱抱自己，然后跟自己说："其实你也挺不容易的。哪个创业者容易呢？你已经很努力了，加油，小姑娘！"

下一次，当你再被"我不够好"的"心魔"裹挟的时候，想象一下对面是 8 岁的你，请你蹲下来，抱着她，用最温柔的语气对她说："小姑娘，没关系！慢慢来！"

■ 掌控力练习

1.回想一次让你印象深刻的羞耻经历，详细描述当时你的"羞耻""心魔"对你说了什么。现在，你打算如何反驳它？

2.你一直觉得自己哪里不够好。给自己写一封信，用这句话作为开头：

亲爱的，我知道你一直觉得自己_____不够好。但这不是你的错，你已经很不容易了，因为……

02

完美的员工不一定是优秀的领导

> 完美主义是一种极致的恐怖——那些在生活中表现得苛求完美的人，他们深深地害怕世人会看到他们真正的样子，因为他们无法达到完美。
>
> ——奥普拉·温弗瑞（Oprah Winfrey）

在做高管教练的时候，我发现一个普遍现象：有些人工作十分努力，业绩相当不错，也很受老板待见，但就是走不上去，卡在半截，自己很痛苦，组织上也很无奈。

我的一个客户就是这样，她业绩很突出，竞聘总经理这个岗位的时候，认为自己势在必得，结果事与愿违。她很不解，总觉得同事之所以对她产生敌意是因为嫉妒。

但在对她的同事进行访谈时我发现，大家对她的评价高度一致："聪明、工作能力突出，但太追求完美，对风险的承受能力低。太过焦虑，总担心各种细节出问题，把自己的团队逼得太紧……"

这样的人对上司来讲是个"宝"，因为她能从最大程度上把控质量，让人放心。但另一方面，因为不能抓大放小，劲使的地方不对，还得罪人，上升空间并不大。换句话说，这是一个完美的员工，却不是一个好的领导。

有意思的是，人们经常把完美主义和追求卓越等同。你看那些成功人士，比如乔布斯，不都是完美主义者吗？这也是为什么"完美主义"逐渐变成一个极具吸引力的标签。

就像面试时被问及"你认为自己的缺点是什么"时，总会有人回答"我是个完美主义者"。这句话的潜台词其实是："你看我多优秀！我太优秀了，以至于开始追求完美。"

而我每次一提到自己也曾深受完美主义之苦，就会有学员说："高老师，你不正是因为追求完美，所以才有了今天的成功吗？"

其实，努力工作和目标远大并不是完美主义的标志，你心里那个挑三拣四的声音才是。

完美主义的三种类型

多年前我在英国读博士的时候，我以为作为一个中国学霸，美国的 MBA 都读了，这有何难？结果一开始读却发现博士不是只会考试就行的，还要写十几万字的论文。当然也不是一下子写那么多，而是一点点写完交给教授看，再根据反馈回去改。

但我总觉得自己写得不好，拿不出手，一到交作业的时候就各种找借口。现在回想起来，"拿不出手"这个词本身就体现了我的关注点是在自己身上而非论文本身。

由此也能看出完美主义和追求卓越的区别：前者关注的是别人怎么看我这个"人"，而后者的关注点在于"事"——我怎么做才能把事情做得更好？

心理学家保罗·休伊特（Paul Hewitt）把完美主义区分为三种类型，每种的表现和危害不尽相同，但都是围绕着怎么看待自己这个"人"。

第一种属于"自己逼自己"型，追求的是"我要尽可能做到完美"，这样的"心魔"会经常对你说：

·我必须时刻发挥我的全部潜力。

·什么事，要么不做，要么就要做到最好。

·你可是一个对自己要求很高的人啊！这东西做出来要能代表你的水平！

很多找我提升公众演讲能力的管理者都有这样的问题：一方面觉得自己讲得不好，总担心表现得不够自如、不够流畅、不够幽默；另一方面又希望维护自己好的公众形象。所以每次想到要做公众演讲就犯怵，怎么办呢？找别人给自己写稿？但别人写的又不是自己的味道，讲起来别扭，效果自然就不好，于是成了恶性循环。

第二种属于"别人逼自己"型，总觉得其他人对自己要求太高了，常常会在心里编一些剧本：

·我怎么也满足不了别人对我的期望。

·周围的人都希望我能在每一件事上取得成功。

·我觉得人们对我的要求太高了，总期待我是完美的。

他们自我价值感低，同时又总想满足他人的期待，所以关心的不是事情本身做没做好，而是别人对自己的评价，表现出的就是焦虑，甚至抑郁。这是最危险的一种完美主义。

第三种属于"自己逼他人"型，不但对自己要求高，对别人更是加倍的高标准、严要求。

我曾经在北京、上海等城市做过几次为中国乡村女学生教育协会（Educating Girls of Rural China，简称 EGRC）筹款的青少年双语演讲训练营。学员们要在第三天汇报演出中，在同学、老师和父母面前脱稿演讲。我发现那些担心自己发挥不好，不想上场的，都不是能力比较弱的学生，反而是英语水平比较高的学霸。

而这些学霸的父母通常也是学霸，对孩子要求严格。孩子在台上讲完以后，父母不是鼓励，而是忍不住去挑这样那样的毛病。甚至孩子在上面讲，父母还在下面指手画脚。

这反而容易让孩子紧张，更会导致孩子在未来不敢冒险，因为每一次意想不到的挫折，都意味着下一次要表现得更完美。

相信别人，放过自己

Meta（原名 Facebook）前首席运营官谢丽尔·桑德伯格（Sheryl Sandberg）在她的书《向前一步》中引了《天后外传》（*Bosspants*）中的一段话："对于一个女人来说，最粗鲁的问题是什么？是'你今年多大了'，还是'你体重多少'？都不是。最烂的问题是：'你是怎么兼顾所有事情的？'"

因为同样的问题，很少有男性被问到。

这个社会就是这样，男性只需要证明自己事业成功，女性则需要证明自己面面俱到。

一方面，传统的教育教女孩从小要完美和谨小慎微，而男孩要勇敢和接受挑战。另一方面，男性的小错误会被忘记或被原谅，而女性的错误则会被放大。娱乐圈男明星出轨道个歉就行，女明星就"永世不得翻身"了。这种"双标"让女性更希望表现得完美。

心理学家安德鲁·希尔（Andrew Hill）认为：完美主义不是行为模式，而是你看待自己的方式。

完美主义的本质是觉得自己不够好，其背后的根本原因是评判心太重。这会让我们活得很累，因为评判是一支两头都锋利的箭，一边指向别人，一边指向自己。

指向别人的时候，表现出来的就是总不放心别人做的东西，总觉得别人做的都是"垃圾"。而指向自己的时候，就是自我评判。这种自我评判通常出现在你最没有安全感的领域。

比如对很多女性，尤其是新手妈妈来讲，养育孩子就是最没有安全感的领域——因为没经验，而且太在乎。

我休完产假回去上班后，很快就开始到处出差。为了继续母乳喂养，我走到哪儿都要背着吸奶器，就算是吸完倒掉也要确保自己作为"奶牛"的产量。回到家本想好好跟儿子亲热亲热，却发现他跟阿姨比跟我还亲。我失落、内疚、自责，甚至把火气撒在阿姨身上，感觉是她"偷"走了儿子对我的爱。

《亲密关系》一书中讲道："我们所看到的每件事其实都是我们内心的投射。我们怎么评论别人，就是我们怎么看待自己。"在这个世界上，对我们最严苛甚至残酷、最不肯放过我们的人，不是别人，正是自己。

完美主义的"心魔"让我认为：

·如果我没有做到完美，我就不是一个好妈妈。

·如果我没有给到100%的陪伴，孩子将来就会有问题。

然而，美国早期儿童护理研究网用了15年的时间，对1000多名儿童进行了跟踪研究，结果表明，"由母亲专职照料的孩子与那些由母亲和其他人同时照料的孩子在个体发展上并无不同"。婚姻的亲密度和父母的行为因素，如父母是否积极乐观等，才是影响孩子成长的关键因素。

母亲们没有理由认为，在孩子年幼的时候选择工作就会对孩子不利。我们需要放下这种不必有的负罪感，它对自己是一种压力，对孩子也是一种隐性的压力。

当我觉得自己不是一个好妈妈的时候，就会看儿子哪儿都不顺眼，然后把我对自己的评判和由此带来的伤害甩给他，对他挑三拣四，唠唠叨叨。

在心理学中，完美主义可以算是一种"防御机制"，其本质还是"觉得自己不够好"。当我们觉得自己不够好的时候，最自然的反应肯定是"千万别让别人知道我不够好"，因此便用"完美主义"这个武器来严防死守，想通过更加卓越的结果来证明自己、保护自己。

不只是家庭，在职场中你可能也曾被"完美主义"俘虏过：

·把对自己的要求高转化成对结果的期待也高，过程中的压力就会越来越大，一旦没有实现期待，就会越来越觉得自己没有价值，下次就加倍使劲，形成恶性循环。

·为了达成一个理想中完美的结果，迟迟不能开始，慢慢把自己变成重度拖延症患者。

·过度谨慎，特别在意别人对自己和自己团队的评价，晚上躺在床上还琢磨白天开会的时候哪句话说得好，哪句话说漏了。

其实，这些你纠结了一万遍的东西，对结果也许只有一丝丝的影响。

为了达成完美，我们往往会不断自我批评，来给自己施压。这就不难解释为什么完美主义男女都有，但在职场女性中表现较为明显，危害也更大——要么导致自信心缺乏，要么给别人造成过度强势的印象。

如何挣脱完美主义的束缚？

完美主义是一种打击自我的生活方式。然而，对很多人来说，这已经成为根深蒂固的习惯。我们很难完全告别完美主义，但可以减少它带来的危害。

1.对事不对人

有一次，"奴隶社会"公众号的联合创始人申华章老师来找我录课程，我说："好啊，但是这周不行，我得准备。"

他特别惊讶地说："你还需要准备？你不是张嘴就来吗？"

很多人都觉得我天生就是一个"大孔雀"，给个舞台就开屏，却很少有人知道我上台其实也紧张，只不过我已经把自己训练成紧张的时候关注点不放在自己是否完美，而放在是否能把一个完美的演讲呈现给听众上。

这样做的好处是，我会在每一次演讲之前苦练，甚至每次做直播之前我都会拉大纲、写金句，确保自己不会浪费听众的时间。在讲的时候，如果没有达到预期效果，我会自责，但我不会让自己陷在"自责"的情绪中，不断地内耗，而是很快会把关注点放在如何才能在下一次做得更好上。

当你把追求完美的那股劲头用在事上，而不是用在人身上，那你就不再是在追求完美，而是在追求卓越了。

2.先迈出第一步再说

多年前当我被完美主义困扰，迟迟交不了论文的时候，我的英国教授是这么跟我说的："先完成，再完美。"

这句话点醒了我，我把它贴在电脑上，时刻提醒自己。后来，我也把这段经历分享在一次 TEDx 演讲中，叫作《为什么成功人士多是拖延症患者？》。在腾讯视频上有几十万的播放量，可见深受拖延症之害的人很多。

说到拖延，写文章的人都知道，经常有个好的想法，可写着写着又好像不是那么回事了，只好扔下重写。看到同行噌噌地产出，再看看自己，每发出来的一篇公众号文章背后都躺着三具"尸体"，觉得自己实在太笨了。

后来我和自媒体人接触多了，聊起来才知道，无论是谁，即便是那些"教母"级的人物，要写出一篇好文章，都是抓耳挠腮、搜肠刮肚的。可见太阳底下没有新鲜事，你的感受绝对不是只有你有，一定还有其他人和你有共同的感受。

要击败完美主义，面对具体某件事，你需要设定合理的目标，找到突破点，先迈出第一步再说。比如，你可能总想着要把所有细节都想明白了再动手，期待一步到位。但其实，与其沉迷于"思维的酝酿"，不如切实地"做"；与其耽搁于细节，不如在试错中完善。先完成 80%，剩下的 20% 可以后面再去迭代，不用苛求一次就能达成 100%。

而且很多时候，持续优化带来的边际效应是递减的，如果你已经花了 2 个小时做 PPT，不代表你再花 2 小时，就能让它比现在好一倍。

为自己设定一个时间期限，到时间无论怎样都必须交付成果，这可以帮助你克服完美主义带来的拖延症。就好像我写公众号，如果没有时间期限，那我可能会一直磨蹭，改来改去。此外，将一个看似庞大不可及的目标拆解成小目标，也可以帮你跨越想要"一次憋个大招"的执念和随之而来的焦虑。比如，当我把写书这样一个大目标转化成写出 N 篇文章，再转化为写出 N 个小章节，就容易多了。

我们总是想要找到实现大目标的勇气，却总是忽略实现小目标带来的士气。起始目标设得越低，也就越容易迈出那一步，而只要你迈出第一步，就一定有第二步和第三步。

■ 掌控力练习

当你发现自己被完美主义卡住的时候，不妨问问自己以下几个问题：

· 完成这个目标对我个人来说有什么重要的意义？
· 如果这个目标实现了，我会是什么样子？
· 谁可以帮我？我可以从哪里找到资源？
· 当下我能做到的一个小小的尝试是什么？

03

适度敏感是情商高，过度敏感是"玻璃心"

> 这个世界并不在乎你的自尊，只在乎你做出来的成绩，然后再去强调你的感受。
>
> ——比尔·盖茨（William Henry〔Bill〕Gates）

我以前有一个同事，她挺能干的，但公司里的人都很怕和她相处，因为和她在一起就一个字——"累！"总担心不知道自己说了什么就让她不高兴了。

她对别人的话十分上心，经常会被别人的评价所影响，有时候甚至别人说的根本不是她，她也会不自觉地对号入座，就连微信回复得慢了点，她也会觉得自己被忽略了。

其实，她的亲和力很强，对别人情绪的变化也很敏感，会习惯性地注意别人的语气、表达方式、微表情、小动作，在心里分析对方为什么会那么说、那么做和在想什么，因此初次打交道的时候，会给人非常体贴的感觉。

通常我们说一个人情商高，就是说他对环境、对自己、对他人都有所觉察，这种对"人"和"环境"的敏感度是情商中非常重要的部分。我们也可以把它理解为一种情感上的"耳聪目明"。

但当一个人对环境和他人过度敏感，就变成了"玻璃心"：一方面，自己活得很累；另一方面，周围的人也很累，生怕把你碰碎了。

当被"玻璃心"这个"心魔"俘虏的时候，表现出来的就是：

·内心缺乏安全感，想太多，内心戏太过丰富；

·自尊心过强，太把自己当回事；

·别人会觉得你有点太敏感了，说不得；

·任何一点不好的反馈，都会被视为对自己全盘的否定。

与此同时，过度敏感的人非常容易被人利用，甚至有可能被PUA①，因为 PUA 就是指通过操控一个人的情绪来实现操控者的目的。

"玻璃心"是性格使然吗？

我们常常容易混淆"自尊心强"和"高自尊"这两个概念，以为"玻璃心"是高自尊的表现，而事实上，这恰恰是低自尊的表现，也就是我们常说的"自卑"。

越自卑的人，自尊心越强，且能力和自尊需求成反比，能力越低，越执着于别人的认可。

当我们在某方面自卑的时候就会过于关注别人的评价，从而忘

① PUA：全称"Pick-up Artist"，多指一方通过精神打压等方式对另一方进行情感控制。

记了自身给他人带来的价值感。

自卑让我们希望不断通过他人的认可来获取优越感，从而填补自己内心的匮乏。如果没有，就会觉得环境太苛刻、老板太无情、同事太刻薄，认为只要换一个工作环境，就能改变这一点。

但一个不会游泳的人，不管换到哪个游泳池都没用。所以，改变"玻璃心"还是得从根上——自尊谈起。

自尊，就是我们是否喜欢我们眼中的自己。

自尊，并不是越高越好，过高地看待自己就又成了自大。恰如其分的自尊才是最好的，因为这意味着你对自己有正确的自我认知，且这个自我认知相对稳定，不轻易被外部的评价所影响。因为你清楚自己是什么样的人，能接受和承认自身的不足。

人类的自尊水平往往依赖于三大支柱：自爱、自信和自我观。这三者的适当组合，才能让人拥有恰如其分的自尊。

自爱：排在首位的"自爱"并不是"爱自己"就给自己买个包包的意思，而是相信"虽然我不够完美，但我仍然值得被爱和尊重"，"虽然我经历了挫折和失败，但我仍能站起来，继续向前"。

自信：这是我们最经常提到的，因为自信是外显的，能够通过你的语言、行为看出来。自信不是你行不行，而是你觉得自己行不行。

这个自信可能一开始仅仅是专业上的自信，但慢慢地会变成人格自信，也就是自尊的第三大支柱"自我观"——我怎么看待自己。

说到"自尊"的这三大支柱，就不得不聊一聊很多人最不愿意提及的童年。

有很多研究表明，一个人在 0—6 岁期间，他的家庭环境质量越高，成年之后他的自尊水平就越高。父母在养育他的过程中，能够提供一个温暖、安全、有条理的生活环境和亲子互动，会在早期影响一个人的自我认知，以及自我价值感。

有意思的是，同一个家庭，不同的孩子被不同对待，也会有不同的结果。比如我和我姐，我从小又黑又丑又不听话，她又白又漂亮又听话，因此深得父母、老师的宠爱。

我小时候一直很羡慕奶奶每天早上不厌其烦地给姐姐梳各种样式的辫子，而我永远是一头短发。有一天我问奶奶："为什么我不能留长头发？"她一脸嫌弃地看着我说："你这样就挺好。"我虽然小，但不傻，我明白，其实她就是懒得给我梳头，觉得我丑，我不配。

这种"我不配""我不值得"的感觉跟了我很久，一直到成人，它让我陷入一种"不稳定的低自尊"状态——时而自信，时而自卑，给点阳光就绽放。

在我的第一本书《职得》里，我讲了很多自己小时候经常被父母、老师拿来和姐姐比较而无意中被伤害的经历。如果用一种颜色来描述我的童年，那就是"灰色"。很多读者都说："完全看不出来你是在这样一个背景下成长起来的，照理说你的性格应该是很自卑的，为什么现在看起来自信爆棚？"

因为性格不过就是一个人对现实的态度以及与之相对应采取的行为模式。从这个角度来讲，我们的很多表现都和性格有关，但这并不意味着不能改变。"玻璃心"也可以随着年龄、阅历的增长，或者通过一定的方法、技巧而改善。这个变化的核心就是从"敏感"到"钝感"。

日本作家渡边淳一在《钝感力》中认为，钝感力是赢得美好生活的手段和智慧。所谓"钝感"，不是迟钝，更不是冷漠，而是对周遭事物不过度敏感。用互联网公司的"黑话"讲，就是"经得起摩擦"。只有钝感和敏感相平衡，我们才能更容易保持理性的思维。但就像智慧一样，这需要修炼，而这种修炼还是要回到自尊的三大支柱。

停止内心戏，全然接纳自己

"玻璃心"的人通常不是被失败打倒的，而是被失败后的"自我攻击"打倒的。

比如汇报工作的时候，刚说三句，就被领导打断了，有些人可能会马上调整状态，继续组织语言往下说，而且会后可能懊恼一阵就忘了。

而"玻璃心"的人会当场变得语无伦次，事后则会一直在心里骂自己："怎么那么笨啊！嘴这么笨以后就不要再发言了！"但这又和想得到认可的自尊心不相符，于是不断处于想表现但又怕表现的纠结中。

白天纠结也就算了，晚上躺在床上还想着这件事，就会影响睡眠。睡眠不好又会影响到第二天的状态。状态不佳会导致情绪更加敏感，一触即发，由此陷入恶性循环。

想要打破这个怪圈并不容易，但以下这四个步骤一定有帮助。

第一步，要克服一个认知偏差，那就是"自我中心"。我们总以为自己是一切的中心，自己的一言一行都会被别人注意到。尤其当自己犯了错时，总觉得别人看自己的眼光都带着一丝鄙视。

实际上别人有别人的事，并不会特别关注到你。不信你去唱卡拉 OK 试试，无论你唱得再好还是再烂，如果你用余光看看周围的人，大家该吃的吃，该聊的聊，并没有人在意你的唱功如何。

第二步，当你意识到这一点时，接下来就需要拆解内心戏，直面自己真实的想法，你越对自己内心真实的想法"秘而不宣"，就越会"浮想联翩"。你要仔细分析问题出在哪儿，然后通过"自我对话"的形式，将消极思维转变为积极思维。

比如同事没有及时回你的微信，与其在心里怨恨对方或者自责，不如问问自己："是不是因为今天同事没有回我微信不开心了？"然后，你就需要像一个朋友一样安慰自己："哦，是这样的。有没有可能是因为她在忙呢？"先为他人假设一个善意的动机，会省掉很多不必要的内心戏。

第三步，用自我慈悲来代替自我批评。

很多时候，我们安慰起朋友来非常温柔体贴，对自己却总是冷嘲热讽，有的人甚至对自己的宠物都好过对自己。

就好像我家猫，它做错事的时候我虽然会骂它，但我不会跟它算旧账。但是在数落自己的时候，我经常会把之前犯的错误也一并算上，批评自己："你看你总是这样！上一次开会，你就已经说错了话，你怎么就不长记性呢？……"

这时候，我会提醒自己要有慈悲心，也就是像对最好的朋友那样对自己心怀善意，给自己需要的时间和关怀。

第四步，当你处在消极状态时，不要无视痛苦，更不要强装正能量。

"玻璃心"的人受情绪影响比较"耗电"，能量波动比较大，因此要注意及时补充能量。

我的一个朋友就是这样，经常是前一分钟还好好的，后一分钟就闷闷不乐。能量高的时候觉得自己做什么都行，能量低的时候，不但干什么都提不起精神，还容易看谁都不顺眼。

后来，她找到一个好办法自我赋能。她给自己建了一个固定的"夸夸群"，群里是几个对她特别了解的朋友，每当她遭受打击，情绪低落的时候，就回到群里"求夸夸""求抱抱"，瞬间就能得到治愈。

人都是这样，多被别人夸几次，慢慢地自己也会觉得是那么回事了，也会朝那个方向去努力。就好像我以前在美国的老板经常夸我有"领导力"，其实那时候我连什么是"领导力"都不知道，但听着听着自己就信了。

每个人都需要身边有人，哪怕就一个人（可以是老板、朋友、导师、伴侣），能够全然接纳自己，打破低自尊的恶性循环。

我老公就是这样一个人，他充满包容心，无条件地接纳我，他是我忠实的"粉丝"，在一次次的肯定中，让我变得"迷之自信"。

原生家庭不可以选择，但是再生家庭可以选择。除了伴侣，我们的工作环境从某种程度上来讲也是一个家庭。为了能够及时补充能量，"玻璃心"的人还需要慎重选择所在的环境。

当你还没有建立稳定的自尊的时候，我不建议为了"磨炼自己"，把自己扔到一个非常恶劣、缺乏人文关怀的工作环境中。当你慢慢建立了自信和自我观，再来"磨炼自己"也不迟。

你需要先相信自己是一块钻石的料，再慢慢打磨，才能真的变成一颗熠熠发光的钻石。

由内到外提升自信

我们每个人都有"玻璃心"的一面，且通常体现在自己最不擅长、最没有安全感的领域。能力越低，越觉得别人看不起自己。

想要提升自信，就要不断提升能力，用实际结果来为自己增加自信，因为自信是一个成就的闭环。

与此同时，自信还是一种外显的特质，它可以体现在一个人的沟通、表达上，而外在的提升会带动内在的改变。

自信也可以通过一些细节体现出来，比如站姿、声音、说话的样子等。好消息是，当你外在表现得更自信，甚至"装"得更自信，时间长了，你的内在也会越来越自信。读完前文关于气场的内容，你应该已经感受到了这一点。

建立内在价值体系

克服"玻璃心"，培养钝感力的最后一点，是把目光从关注他人的评价转到关注自己对自己的评价，也就是说，不再用他人的评价和认可来证明自己，而是学会探索和建立内在价值体系——你是怎么看自己的。

前面说到，自我赋能就是要在没人抱的时候，自己抱抱自己；在无人喝彩的日子里，自己为自己喝彩。然而，说起来容易做起来难，因为从孩提时代起，我们就都习惯了求抱抱，靠他人为我们赋能。

我以前在企业工作的时候，作为一个打工人，每天的心情多多少少和老板的认可挂钩。老板认可我的工作，我就觉得自己好棒啊，恨不能飞上天；而老板不认可或者只是没时间搭理我，我就认为自己是不是哪里做得不好。

但是，创业改变人。作为一个内容创作者，很多时候我既要接受别人对我的内容的评判，还要忍受别人对我这个人的评判。

有一次我写了一篇公众号文章，里面讲到我和小编一次不愉快的沟通和我的反思。写这篇文章的目的是通过自我剖析，帮助读者理解不同的情绪风格，没想到留言里有人写道："遇到像你这样强势的老板，离职是最佳选择！"

还有人说："高琳老师，恕我直言，您的性格缺陷需要专业人士的帮助。"

我把留言放出来并且回复："每个人都是自己的专家。"言外之意，我知道我是谁，我并不需要接受你这种好为人师者的建议。

事实上，当我拿出勇气把自己的问题暴露出来，写在文章里时，就表示我已经看到自己的问题，并且接纳了自己。

当然，接纳不代表认同，它仅仅表示我知道在这件事上我处理得不好，需要改进，但这不代表我就不是一个好的领导。事实上，我非常自信自己是一个很不错的领导。

建立这种内在评价体系并不容易，核心挑战在于：大多数人并不知道自己真正想要的是什么，更不知道要如何衡量自己的目标。

比如，如果说领导的评价是一个衡量"你在工作中是否做得好"的外在评价体系，那么你的内在评价体系是什么？是"是否有所成长，学到东西"还是"是否有成就感"？

你又如何衡量自己是否有所成长？是否有成就感？

成长和成就感，对你来讲又意味着什么？

这些问题都是我们在教练过程中经常会问被教练者的，对方经常思考很久也不一定有答案。而如果这个答案不清晰，你就很容易受到别人评价的影响。

所以，建立内在价值体系的核心是回答"你是谁？""你想成为谁？"。所有和这两点没有关系的外在评价于我来讲都是噪声。

幸运的是，曾经"玻璃心"的我，经过漫长的探索，已经知道"我是谁"，也知道"我想成为谁"——我想成为一个赋能于他人的人。而只有先自我赋能才能赋能于他人，毕竟我们没法给别人自己没有的东西。

■ 掌控力练习

1.自信对你来讲意味着什么？如果让你用1—5分来打分，1为非常不自信，5为非常自信，你是几分？

2.回忆一下，当你做什么，和什么人在一起的时候最自信，那么每当你不自信的时候就多做这件事，多和这些人在一起吧！

3.每天临睡前，记录下自己这一天中做得好的3件事。不一定是很大的事情，只要在自己的评价体系里，认为自己是有成长的即可。然后，时不时地翻一翻，帮助自己建立更全面的自我认知体系。

04

取悦换不来爱和信任

我之前在外企做政府关系工作，有一个同行朋友，她学历虽然不高，但工作效率非常高，人缘也好，又很努力，因此赢得了老板的信任。

她从之前的行政工作转到政府关系部门之后，还是有一些同事总是找她帮各种忙，她也不好意思拒绝。久而久之，她把自己搞得像个救火队员，很忙碌，而且身心俱疲，时不时还会产生不耐烦的情绪。这种状态让她很苦恼，又不知道如何摆脱。

你是不是也是这样的"老好人"，把取悦别人作为你的首要任务？每天看似很忙，其实都是瞎忙活。看似人缘很好，但你心里很清楚，同事、老板并没有把你放在眼里，甚至有人会利用这点，把脏活累活都扔给你。

有时候，你安慰自己说，现在的委曲求全是为了建立良好的人际关系，日后求人办事方便。但问题是，你很少求人，总觉得拉不下脸来。你觉得自己挺窝囊，但又不知道怎么打破这种僵局。亲爱的，你被"取悦"这个"心魔"控制了！

别做不懂拒绝的"老好人"

我们在成长的过程中，多多少少会通过取悦父母、老师而获得爱、认可和安全感，尤其是女性，从小就被教育要做个懂事、体贴、善解人意、乐于助人的好女孩。

长得漂亮的女生凭相貌还可以得到别人的欣赏，长得不漂亮但学习好的起码可以凭成绩获得老师、家长的赞许。而像我小时候，既没有颜值，学习又一般，只能靠"有眼色"来获得认可。所以我从小练就了一个本事：不等别人说出需求，就能判断出他想要什么。

长大以后，在职场上，很多女性即便自己很有能力，却仍旧在给领导或者其他同事"打下手"，好像你的工作能力高低是和你能否帮上别的同事的忙挂钩的。

每个人都希望获得认可，这本身并没有问题，但是当你把你的自尊跟你为别人做多少事，为此有多卖力和对方有多满意联系在一起，甚至对他人的认可到了上瘾的程度，就有问题了。这样不但自己心累，别人也不轻松。比如说，前面提到的那个同行朋友经常送我礼物，这总是让我不知所措，不知道要不要回赠她。因为这和我们真心喜爱一个人而送礼物或者为他们做事情不一样，后者是心甘情愿的，即便没有回报也会去做，而前者只是一种交换——希望用我的付出来换回你对我的爱、认可、安全感和归属感。

就像《取悦症：不懂拒绝的老好人》的作者，美国心理医生哈丽雅特·布莱克所说："'好'是取悦者的心理盔甲。"你相信当个"老好人"能让你赢得别人的喜爱，能保护你免受刻薄、拒绝、愤怒、冲突、批评以及反对的伤害。

也正因为"老好人"并不是真的"好"，而是为了获得认可的一种交换，这就意味着当你觉得自己为别人做了很多，但对方没有给到相应的回报时，你就会格外失落。这种情绪积累到一定程度，心理盔甲就会全面崩溃，情绪的爆发则会一发不可收拾。

这一点在情场上体现得尤为明显。

我见过很多"吸渣体质"的女性。明明自己很优秀，却对男人百般讨好、一味顺从，以为不断满足对方的需求就可以换来爱，免遭拒绝和抛弃。问题是，你向伤害你的人示好，就是默许甚至鼓励他对你进行进一步的伤害，最后不过是招来一个又一个"渣男"。

美国电视主持人丹尼斯·惠利（Dennis Wholey）说过："指望你的伴侣会因为你是好人就公平地对待你，这就像是指望公牛会因为你吃素就不冲向你一样不切实际。"因为你所说的"爱"，不过是一种温柔的手铐——害怕被抛弃从而采取的一种善意的操纵手段。

健康的亲密关系是"我需要你，因为我爱你"，而不健康的关系是"我爱你，因为我需要你"。这样的关系非但不可能长久，反而会滋生 PUA——一种通过不断否定来实施精神打压，从而实现精神操控的行为。

"取悦"在家庭关系中也会发生。有很多职场女性，无论自己多忙多累，永远把孩子的需求摆在第一位，努力想变成一个上得了班、带得了娃的"超级妈妈"。当这种"能干"的行为不断赢得老公、婆婆和周围人的赞扬，"超级妈妈"的观念就会不断得到强化。明明两个人都有工作，都很忙，但老公却变成甩手掌柜，"丧偶式育儿"就是这么来的。

殊不知，这也是一种取悦。取悦了所有人，唯独没有取悦那个辛苦的自己。

总之，无论在职场、情场还是家庭，长期取悦他人，就相当于冲着愤怒的公牛挥舞红斗篷。要想让公牛不再追着你，就需要赶紧扔掉斗篷，跟"取悦"这个"心魔"说再见，因为取悦，换不来真正的爱和信任。

摆脱"我应该"，拥抱"我想要"

有一次，我老公从美国打电话跟我说，儿子七月份要去法国找朋友玩一周，他想在那之后跟儿子会合再在欧洲玩一圈。我听了以后很开心，他们爷俩能玩到一起去多好啊！但不知道为什么，挂上电话之后，我感觉开心之余，又有一点不对劲。

我使劲地想，到底是哪儿不对劲呢？慢慢地，我品出了一丝丝的失落。如果他们爷俩去玩了，我却留在北京工作，每天工作的时候看着他们发来的照片，我真的不会失落吗？

那既然如此，为什么我不加入他们呢？此时脑子里另一个声音又冒出来了："可是一个公司的人都靠着你吃饭呢，这么多要做的事，怎么走得开啊？再说，能不能拿到签证都不一定，你还是应该更实际一点！"

真的吗？如果我这两周不工作，客户就抛弃我了，团队就垮掉了？不一定吧。到最后，除了我自己，估计没人会为我的默默付出而感动。想到这儿，我取消了已经安排好的工作，跑到签证中心去申请签证，最后总算和他们在米兰会合，开启了一家人的假日旅行。当我在佛罗伦萨的博物馆徜徉，在维也纳的乡间酒庄小酌，在巴黎的街头闲逛的时候，每一刻我都无比感谢自己，幸亏当初没有忽略自己的感受，真实面对了"我想要"，而不是"我应该"。

"应该"的背后是责任感，这虽然是必要的，但不应总是拿压抑自我需求作为代价。要知道，我们很多时候并不是没有需求，只是把别人的需求音量开得太大，把自己的需求调成了"静音"。

经常取悦他人的人就像脑袋上插了两根天线，随时随地探测着他人的需求和期望并且围着它们转。你需要学会倾听自己的需求，把自己的声音调大。当你一直都把自己的需求调成"静音"时，慢慢地，就不知道自己到底想要什么了，还总是期待别人能猜出来；或者就算是知道自己想要什么，也不敢直接表达，最后吃亏的还是自己。每次听到"我应该"的时候都应该反问自己一下："真的吗？"

·"我应该"先把家照顾好，再照顾自己。真的吗？（连自己都照顾不好，怎么照顾家？）

·"我应该"以老公的事业为先，自己的可以以后再说。真的吗？（他的事业一定会发展得比你的更好吗？）

·"我应该"听老板的安排，他让我做什么我就做什么。真的吗？（他一定知道什么是最佳方案吗？）

你会发现这些"我应该"都不过是别人曾经灌输给你的"规则"，不一定经得起推敲。所以，去他的"我应该"，多一些"我想要"吧！

用坦诚对话代替互相猜测

我儿子交了个女朋友，有一天我问他，他俩有没有吵过架。

他说："也不算吵架啦，就是有时候她生气了，就会做你们女孩子那一套，你问她怎么了，她会说：'没什么。'再问她：'到底怎么了？跟我说说嘛。'她会说：'真的没什么……'然后，说着说着就哭了，唉……"

我听完笑得不行，看来哪个年代的年轻女孩子都是用这种"被动攻击"来表达不满的。相比起大吵大闹这种主动攻击，一言不发或者被动攻击其实是最糟糕的沟通方式。

"真的没什么"——并不是没什么，而是"我现在不想跟你说"。

这是一种典型的回避方式，而哭则是为了回避进行的最后一搏。

眼泪不过是另一种表达愤怒的方式。愤怒的是："你要是爱我，你就应该知道我心里想的是什么！你猜不出来，你就是不爱我……"但事实却是：别人并没有义务猜。别人也很难猜出来，尤其是当你都没搞明白自己到底想要什么的时候。

人是复杂的动物，我们的需求是多层次的。比如很多女性都觉得自己老公太"直男"，不够浪漫。但其实，每个人对浪漫的理解都不一样，表达浪漫的方式也不一样。就像我老公从来不送我花，他觉得鲜花开两天就败了，不划算。他似乎不能理解女人对鲜花天生的情愫。他也很少买生日礼物给我，总说他不知道买什么。

有一年我生日，我跟他说："我特想要一个戴森的吹风机，但是觉得有点贵，你能给我买一个吗？"他听了以后特别高兴，转脸就下单了。我这才意识到，他是一个想要对老婆表达爱，但又不知道怎么表达的人。你给他一个具体的指令，他反而如释重负。打那之后，我每次生日想要什么就直接说，彼此皆大欢喜。

有一年我们去欧洲旅行，我从头到尾没有参与行程的安排，都是老公一手操办的。我就只有一个诉求，想在巴黎拍一套写真——说是提前庆祝我们结婚25周年，其实就是想要臭美。

本来在巴黎的时间就很紧，又人生地不熟，还要在大街上配合我摆出各种姿势照相，更不要说还要花钱……我很担心他这么抠门又嫌麻烦的人会不愿意，但我还是提出了我的诉求，没想到他非常配合。

那天在摄影师的指挥下，他姿势摆得比我还到位。这就是他表达浪漫的方式——只要老婆高兴，做什么都行。

浪漫是一种能力。这种能力就包含了解自己到底想要什么，并且学会向对方表达自己的诉求，不要指望别人猜。就像《人生十二法则2》一书中讲道："在一段浪漫而永恒的关系中，诚实为王。""你和对方都需要先了解各自需要什么和想要什么，并愿意坦诚地讨论这些想法。"

然而，我们有时候会因为害怕被拒绝而不肯明确自己的意愿。我们会在心里安慰自己：或许糊里糊涂的，不明白自己到底想要什么，就不会有得不到的挫败感。但问题是，如果你没有明确的愿望，你得到满足的机会就微乎其微。更可怕的是，如果你没有自己明确的诉求，当结果又没有让你感到满足时，你怨恨的通常不是自己，而是身边无辜的、关心你的人。这种怨恨会越积越深，不断发酵，直到最终爆发。既伤人，又伤己。

在巴黎拍照的时候，我发现摄影师很少让我们摆静态的造型，而是经常让我们做我把我老公往我身上拉，或者我老公把我拉向他的动作。摄影师就在我们彼此的拉拉扯扯中"咔咔咔"地抢拍。他解释说："两个人之间彼此拉扯的张力，会让照片有一种动态的美感。"这不就是为什么在关系中，我们要学会表达彼此的诉求吗？虽然并不是每一个诉求都会得到满足，但双方可以通过这种拉扯，感受到对方想要去的方向，从而增加对彼此的了解，是这股张力让这份关系更鲜活。

在职场也一样，彼此客客气气的团队是缺乏信任的团队。我有一次给一家公司的高管团队做"团队协作的五大障碍"工作坊。在第一个小组练习时，我就发现这个团队极度缺乏信任。尽管小组成员各自意见不一致，但没有争论，最后竟然靠投票达成了共识。投票看似很民主，但其实是在回避矛盾。

真正有信任度的团队，会选择对话。在对话中，我们要明确告诉别人自己想要什么，不想要什么。如果自己的诉求经常得不到满足，或者利益受到侵犯，这时候我们就需要学会表达不满。就算解决不了问题，最起码彼此也增加了了解，当未来发生类似冲突的时候就会更有可能获得解决。相反，如果总是试图避免冲突，问题就会反复发生，还会让双方的关系变得越来越糟糕。

重新认识人际关系中的冲突

曾经有位女学员珍妮来找我做教练，她在一个创业公司工作，大家的节奏都非常快，工作职能划分也不是特别明确。每次有谁找她帮忙，她就算心里不愿意，"不"字也老是说不出口，所以办公室里经常就剩下她一个人加班。久而久之，她心里特别不平衡——为什么受累的总是我？

我问珍妮："不敢拒绝别人，你在怕什么？"她说：

· 对方要是不开心，撕破脸了怎么办？

· 要是我没帮他，事情最后没做好，出了乱子，要我背锅怎么办？

· 他从此以后不喜欢我了怎么办？

接下来，我跟珍妮提出一个有点奇怪的请求，我问她："假如我就是那个经常把脏活扔给你的同事，你现在有机会跟我当面表达你的愤怒，你会怎么说？"

她一脸蒙，不知道怎么回答我。当面表达愤怒？这……没干过啊，不知道怎么开口。

的确，我们都愿意被人认可，没人向往冲突。但你又不是人民币，不可能人人都喜欢你。而被"取悦"这个"心魔"控制的时候，你会对他人的认可格外饥渴，对人际关系中的冲突格外抵触。但如果你从来不给自己机会去学习怎样有效地表达自己的诉求，怎样恰当地处理人际关系中的冲突，怎样优雅地拒绝他人，这就意味着你把对自己的掌控权交了出去。

我很喜欢下面这个定义：冲突就是关系中双方相互依存，而且在认知或情感上存在分歧。用大白话说就是：我看不惯你却又干不掉你。

冲突的产生有个前提，那就是冲突的双方是有相互依赖关系的。最容易发生冲突的就是家人，要是吵完架就再也不需要看见对方了，那倒简单了，问题是在一个屋檐下，抬头不见低头见的，所以才难。

跨部门合作也一样，你要是有本事把其他部门的事都干了，不求人家，也就不会发生冲突了。但大部分情况下，你烦对方，但你还必须跟他合作，而你们之所以产生冲突，要么是因为认知不同，要么是因为对一些事情的感受不同。又因为不管是个人关系还是工作关系，我们不可能对所有事情的认知和感受都一致，所以冲突不可避免。

好在有冲突并不代表关系就会因此变得糟糕，如果处理得当，冲突还是好事。老话讲，不打不相识。冲突可以让关系中的双方把彼此的分歧暴露出来，之后问题才能得到解决。

这个过程中有三点很重要：建立正确的边界感，恰当地表达不满，优雅地拒绝别人。

1.如何建立正确的边界感？

心理学上，"边界感"指的是人与人之间内心的自我界限。它是一种无形的屏障。建立心理边界并不是自私，而是让你的事情归你，我的事情归我。

边界感在某种程度上等于安全感，因此一旦你的边界清晰，你会发现一切关系都会健康起来，幸福指数也会越来越高。

当别人跟你提出请求时，那是别人的事；你接受还是拒绝，那是你的事。至于你拒绝以后，别人怎么看你，那又是别人的事。有些人可能永远也不会喜欢或认可你，这是他们的问题，而不是因为你有什么问题。试图让每个人都喜欢你，只能是自寻烦恼。

但是，问题来了，怎么分辨这是谁的"事"呢？其实，你只需要考虑一下这个选择带来的结果最终要由谁来承担就可以了。换句话说，这件事，做还是不做，做得好还是不好，最后谁来承担这个结果，那就是谁的事。

假如你的同事找你帮忙，无论你帮还是不帮，最后他都要对那个项目的结果负责，那就是他的事，不是你的。

要做到这一点，前提是你得有一个自我边界。换句话说，你为人处世的原则和底线是什么？你能接受什么，不能接受什么？你想要什么，不想要什么？

只有自我界限清晰，才能清晰地表达自己的诉求，当底线被触及的时候，也才能有所觉察，并且用合适的方式表达自己的意见和不满。

2.如何恰当地表达不满？

我们经常说"对事不对人"，但其实所有的冲突最终都不是针对"事"的。没有人会傻到和事情生气，生气的都是做事的人。所以在解决具体问题之前要先解决情绪问题。

不满和愤怒的情绪本身并非有害，让它们变得有害的，是带着情绪的表达方式。在建设性的表达中，我们的初衷是解决问题、改善关系，而不是单纯地指责、抱怨、发泄情绪，这些都是破坏性的表达。

咱们来看看这两种表达方式的区别：

	建设性的表达	破坏性的表达
开放 vs 封闭	对刚才那个项目的反对意见,我想知道你的出发点是什么。	你既然觉得这个项目不行,那我也没什么可说的了,随便!你高兴就行!
感受 vs 指责	你总是说你爱我,但你那么做并没有让我感受到你对我的爱。	我觉得你就是不爱我!你不爱我干吗还娶我?!
说服 vs 威胁	如果你能够配合我们,咱们的项目就可以进行得更顺利。	你要是不配合,那咱们走着瞧!
面向未来 vs 纠缠过去	这件事已经这样了,那咱们说说下次怎么才能避免吧!	这事我跟你没完!你到底有没有脑子啊!
信任 vs 质疑基本的价值观	我相信你也是爱这个家的,但是当我需要你帮忙做家务的时候,你却在那儿打游戏,这让我觉得很不公平。	你一天到晚就知道打游戏,从来就没想过要为这个家付出!

听起来的感受是不是完全不同?建设性的表达方式是开放性的,面向未来的,而不是揪住过去的事没完没了,也不会以偏概全。

特别需要指出的是最后一条。在人际关系中,我们的行为经常是出于良好的意图,只不过别人能看到的仅仅是表面的行为。

比如说,如果你执意认为老公打游戏不做家务就是因为他懒,那他无论做什么都不可能让你满意。要建设性地表达不满，沟通中你可以挑战对方的行为，但不要轻易否定对方的意图。你要先认可对方的积极意图，比如他也是爱这个家的，然后再了解既然如此，那他到底卡在哪儿了？看看你们是否能共同解决这个卡点。

我的一位学员就是听了我的建议后回去好好跟她老公沟通，才意识到其实是因为他工作上不顺利，心情烦躁，于是靠打游戏来麻痹自己。

所以你看，你以为的问题通常都不是真问题，而只有基于信任的沟通才能发现真问题，真解决问题。

3.如何优雅地拒绝他人？

很多人都好面子，怕伤和气，不敢直面冲突，于是总是找出诸多借口来缓冲，最后反而弄巧成拙。在拒绝别人的时候，我们特别需要注意以下三点。

（1）不要用"拖"作为挡箭牌

如果你已经明确知道自己要拒绝，可为了不伤和气，就跟对方说："要不让我再考虑考虑？"这看似是个缓兵之计，问题是，于对方来讲，这一线希望会随着时间的拖延不断增长，而希望越大，被拒绝的时候失望也就越大。

更不要说，在等你"考虑考虑"的时候，也抹杀了对方去寻求其他帮助的动力和可能。当你拖到不能再拖，不得不跟对方说"不"，那时候拒绝的杀伤力会是一开始就说"不"的好几倍。

（2）不要随便承诺"下次我一定帮你"

我以前也属于说"不"困难户，经常用"下次"为自己留个活口。后来我发现，这哪里是留活口，简直就是给自己挖坑。说者无心，听者有意，有人真的会把你的客套话当真，而且每次说"下次"都是在提前预支你的信任，所以不要随便承诺"下次"。

(3) 不要啰啰唆唆解释，说多错多

拒绝了就拒绝了，当你费尽心思去解释的时候，说得越多，别人越会感觉你是在找借口，而且会在你的话里找到漏洞。如果你的边界清晰，也相信自己有权捍卫边界，根本就不需要做过多的解释。

当然，这也不是说让你直接把人家怼回去。尤其是在工作中和同事、老板说"不"，处理不好，你会失去别人的信任，成为独行侠。那么要怎么说"不"，才能既表明了态度，又不伤和气呢？我跟你分享一个"Yes"—"No"—"Yes if"三部曲。

第一步：Yes，共情对方的感受。

共情是与他人建立亲和与信任，甚至是所有沟通的基础。只有当对方感受到"我的处境和难处被理解"时，你后面要说的，才能被听进去。而表达共情最简单的方式就是说出对方当下的感受。比如：

"我知道，这件事特别紧急。"

"我知道，这事对你特别重要。"

这样说能让你接住对方的感受而非对方的请求，当对方的感受被看到了，接下来你再提出拒绝就更容易被对方接受。

第二步：No，提出拒绝理由。

"这件事我做起来有困难，是因为……"一个成熟的人，能够理解并尊重别人的边界。当你提出了正当的理由，极少有人会说：

"你是什么人啊，这点忙都不帮。"如果碰上那种特别会磨的人，你知道自己有可能会顶不住对方的反复请求，此时最重要的是不要马上回复，而是继续重复说出刚才你听到的对方的感受，并再次表达你的同情，让对方知道你理解他的请求，也感受到了他给你的压力，然后重申你拒绝的理由。

第三步：Yes if，提出退一步的条件。

这一点，在和上级领导沟通的时候，尤为重要。你要是把领导给你的任务都拒了，那你的职业前景也就被领导给拒了。但你的时间、精力是有限的，所以怎么办呢？很简单，要么讲条件，要么把球踢回给提出请求的人。比如你可以说："如果给我更多时间 / 人力 / 物力，我就能做。"或者请领导帮你排出事情的优先级，让他来判断应该放下哪件事，来做他刚交给你的事。

你可以说："老板，我知道这个项目特别重要，关乎我们这个季度的业绩。可我手头现在已经有 ABCD 项目了，真的顾不过来。如果这个 E 项目可以下个月启动，或者 D 项目能暂时放一放，我就能做了。您觉得如何？"

领导听到这样的回答，自然就会告诉你他的意见，毕竟他的目的是把事情办成而不是把你逼死。总之，拒绝，不是把路堵死，而是在捍卫自己边界的同时，为别人指出一条路。就算没帮上忙，至少让人觉得你是理解他的，也愿意帮他想法子。

■ 掌控力练习

　　想想你最近一次把时间留给自己，做自己喜欢的事情是什么时候？请你打开你的笔记本写下："我要好好照顾自己，才能心情愉快，才能照顾好我生活中最重要的那些人。"然后列出至少10项你觉得令你愉快的活动，比如自己去看场电影、做个SPA等。有些活动可能只需几分钟，而有些则可能要花更多的时间。然后，一项一项地去做吧！

05

改写内心故事，摆脱过度控制

回想一下曾经共事过的老板、同事，我相信一定有那么一两位让你印象深刻的"控制狂"——无论你做什么，他都像一只赶不走的苍蝇一样，在你的身边嗡嗡盘旋。凡事他必须是开车的那个人，就算是坐在副驾驶座上，也得指手画脚的，让人有压迫感，觉得不被信任。

我曾经有一位"奇葩"的得力下属就是这样的。有时候我和他一起跟客户开电话会议，我和客户沟通的时候，他会在旁边提醒我应该怎么说，然后把写了关键词的纸硬塞在我面前，好像我是三岁小孩，需要妈妈教我怎么跟大人说话。

其实，有这样的下属很省心，毕竟人家干活也上心。但是，通常这样的人在执行层面可以做得很好，到了战略层面就不行了，放到团队领导的位置则容易把下属逼疯。这当中很大一部分原因就是他们缺乏在不确定的信息中做出相对确定的决策的能力，以及为此承担风险的魄力。

不确定环境下的控制欲

当你初入职场，还在底层的时候，工作中需要打交道的人就那么几个，你掌握的信息也有限。而当你越往上走，你所掌握的信息量越大，这其中确定的信息也就越少，同时，你也越需要和不熟悉的人协同合作。而人，又恰恰是这个世界上最不确定的因素。

这就是为什么职场人越往上走，就越需要有对不确定性的容忍度，这也是我们看一个职场人是否具有上升空间的非常重要的指标。

然而作为人类，我们天生就不喜欢不确定性，对确定性的渴望则是刻在基因里的。不确定性会在我们脑神经边缘系统中产生强烈的警报反应，所以，当我们面对未知的时候，脑子里想象的并不是各种不确定的可能性，而是最坏的情况。

女性的想象力尤为丰富，尤其是对自己非常在意的人和事。如果孩子放学回家晚了，当妈的总是会往最坏的情况想：是不是被车撞了？是不是被坏人拐了去？

不确定性让人不知所措，很多人面对它的方式，就是创造一个虚构的故事。虽说所有的"心魔"都擅长编故事，但"过度控制"这个"心魔"尤为擅长编恐怖故事。

就比如我的那位下属，他觉得别人做的东西都没有保证，只有他做的才最确定。凡事只有他出面才能控制，否则局面就会失控。而失控就意味着危险与威胁，因此绝不能让它发生！但凡出了一点差池，他就认为："唉！要是我当时控制得再多一点，就不会是这种结果了。"

"过度控制"这个"心魔"的诉求很简单，即希望周围的一切人和事都尽在掌控，它让我们相信如果我们能控制自己的环境（包括别人），我们的生活就会一帆风顺。这样的人给人的感觉总是很"紧"，缺乏松弛感，无论什么时候都很难放松下来享受当下。

不只是在职场，亲子关系也是过度控制的高发区。母性中天生的保护欲经常会演变成控制欲。然而，父母的控制欲越强，孩子就越不想告诉父母在他身上发生的事，因为担心会被唠叨、责骂；父母因此也不知道孩子到底是怎么想的，于是越发想要控制，结果陷入恶性循环。

伦敦大学的一项研究发现：父母的控制行为和孩子以后生活中的心理健康问题之间存在关联。家长控制欲过强，对孩子幸福感造成的负面影响，与痛失至亲产生的负面影响程度相近。

过度控制对夫妻关系的伤害也不小，它会让夫妻关系变得紧张。比如，丈夫越想挣脱控制，获得自己的空间，妻子就越控制，最后双方都感到窒息。

我们都希望对生活有更多的掌控感。但其实，对风险和未知的容忍度越高，对未来就越有掌控感。

举个极端的例子，每个人最终都会走向死亡，但是如果可以预知你什么时候，以何种方式死去，你愿意知道吗？相信大多数人并不想知道，因为知道也改变不了最终结果。这种确定性非但没有增加对生活的掌控感，反而平添无力感。

人的一生就像是一本故事书，一页一页地看下去才有趣，谁想要被剧透了的人生？

想要成为生活的作者，你首先要重新定义你与变化和不确定性的关系。

区分假想跟事实，选择积极的内心故事

说到变化，对职场人来讲，最难的莫过于裁员了。在做教练的时候，我发现被教练者如果有过被裁员的经历，尽管已经过去很多年，每次说到还会情绪低落，甚至说着说着又情景再现，伤心落泪。

在我的职场生涯中，曾经帮助过公司裁人，也帮助过被裁者重回职场，重建信心。我发现，很多人之所以会有深深的无力感，就是因为一直在不断反刍自己的"被裁故事"，不断地伤害自己，直到把自己扎得血淋淋的。

这些故事的剧情大多类似：

"我为公司忙前忙后那么多年，最后落得一场空，真寒心。"

"老板头一天还说我绩效突出，第二天就把我裁了，这不是骗人吗？"

"明明我绩效比张三好，没想到他留下了，我被裁了，这不公平！"

的确，被裁员失去的不仅是一份工作，更是一份信心，对自己的信心，对职场的信心，甚至对未来的信心。但是，那些从中走出

来的人，无一例外不感谢那段经历。

我的保险经纪是我以前的同事，她被裁之后加入了保险大军。从堂堂外企财务经理到保险专员，一开始难免有落差，再加上她为人腼腆，说话细声细气的，连我当时都担心她不成。但不到几年她就进入了保险界的百万圆桌会议（Million Dollar Round Table，简称 MDRT），现在带一个小团队，灵活的工作时间还能让她照顾到两个孩子。这就是所谓"打不死你的，会让你变得更强"。

在畅销书《反脆弱》中，作者塔勒布指出：

当一件事暴露在波动性、随机性、混乱、压力和风险下时，不仅不会受到损害，反而能从冲击中受益，茁壮成长。

所以说，不要追求绝对的安全和稳定，有一点波动是好事。就好像打疫苗一样，"以毒攻毒"，将自己主动暴露在风险变化中，反而是应对风险的最好方法。

假如你的人生是一本故事书，那么变化和失败不过是一个故事中的冲突而已，或者是你人生这本故事书中的一个章节。一个章节不代表一本书，并非每一章每一节都很精彩，有高潮有转折有"事故"，才是好故事。

生活的美妙之处在于你总是可以写一个新的章节。所以与其为事情没有如你所愿而感到沮丧，不如用这种能量去书写下一章。

当你改变了你的内心故事，就能改变你看待自己的方式，而这又会影响到你的外在行为，从而带来不一样的结果。这就是有意思教练"成为教练"认证课的底层逻辑。

举个例子：

我有一个学员小蔓，她的工作是做科研。在科研单位，衡量一个人的绩效是看有多少科研成果申请了专利。那一年正好赶上疫情在家办公，她状态不是很好，所以没有申请任何专利。为此她找老板诉说，老板对她百般鼓励。但每当想到同事见面时会问她今年申请了多少专利，她就自惭形秽，甚至自闭到不想再回办公室。

在教练的时候，我问小蔓："当同事问你今年申请了多少专利时，你心里会对自己说什么？"

她沮丧地说："我觉得同事一定认为我不行了，我觉得自己简直就是一个彻头彻尾的失败者。"

我紧接着问："那你希望的结果是什么？"

她说："我希望自己能找回自信，你知道我其实……"（此处省略 500 字，因为说到自己本来多么厉害，她就进入了滔滔不绝的模式。）

我又问："那如果做到了这一点，当同事再问你时，你会怎么回答？"

小蔓迟疑了一下说："我会说，虽然我今年没有申请到专利，但是还有一些研究成果在路上。希望明年能做得更好。"

我心中窃喜，这回答不错啊，温柔而坚定。我再问她："那如果你能这样做，你会怎么看待自己呢？"

她又低头想了一下说："我会觉得自己不过是暂时迷失了。"

我问了小蔓最后一个问题："那你会对自己说什么？"

她说："我会对自己说：加油！你本来就很优秀！"

所以你看，"同事看不起她"这并不是一个事实，而是她自己在心里编的故事，但是这个故事严重影响了她对自己的身份认同——她认为自己就是个"彻头彻尾的失败者"。而如果想要有不一样的结果，那就必须先有一个不一样的故事和不一样的内心对话。

要知道，你的生活不是别人写的书，你要创造你自己的故事情节。就算最终结果不一定会按照你计划的去发展，但这并不意味着你不能在这个过程中扮演更积极的角色。

就像小蔓，就算她回到公司，同事果真流露出对她的冷嘲热讽，那又怎样？别人不过是你生命故事中的配角，你才是主角和作者。

有挫败感的时候，要注意区分假想跟事实，因为你选择什么样的内心故事，就是在选择什么样的人生。

学会即兴表演，做自己人生故事的剧作家

经常有学员问我："我想在30岁的时候做到经理，35岁做到总监，40岁创业，但我现在都快30了，还一事无成，怎么办？"

还有一次，在一个线下见面会上，有个女学员问我："我有一个轮岗的机会，我特别想去，但我明年要生小孩，我怕到时候无法胜任。"

我问她："所以你是已经怀孕了吗？"

她说："没有啊，刚开始备孕。"

我们生活在一个算法时代，每个人都恨不能把自己的职业生涯精准地进行规划，计算什么时候达到什么目标，却没有意识到，这种过度规划只能让自己更焦虑。

我自己就是一个特别爱规划的人，我的盖洛普优势排名第一的就是"统筹"，如果今天出门要办好几件事，我会规划好路线，确保能用最少的时间办最多的事。如果是旅游，我会提前做攻略，确保这条路线能看到最多的景点而不走回头路。

但是当我把这项优势用在规划我儿子的学业上的时候，问题就来了。按照我的计划，他上高中的时候要和他爸搬回美国，顺便照顾一下我公婆，我则可以两边跑。没想到疫情导致计划一拖再拖，到后来他说不想去美国了。而我执意要按照我原来的计划进行，当时想的是可以到美国重读一次11年级，一方面适应一下，另一方面也可以留出充分的时间准备SAT（美国学业能力倾向测验）。

没想到，到了美国，学校说他的学分已经修够了，不能再重读了。这下直接进入了12年级，还有3个月就要申请大学，却一点准备都没有，只能背水一战，我悔得肠子都青了。

虽然最后他也进了还不错的大学，读了自己喜欢的专业，但是这件事给我的最大的教训就是，有时候过度规划反而增加了不确定性。你永远都不知道明天会发生什么，越想控制越容易弄巧成拙，还不如就踏踏实实地抓住那些确定性的东西。而生命中唯一的确定性就是当下。

所以，人生的故事一次写一个场景的剧本就够了，而不是一口气预设好这出剧的全部情节。

况且你能把自己的剧本写好、演好就不错了，就不要妄想把别人的剧本全设计好。即便作为父母或者领导，我们可以像编剧那样，给剧中的人物一个名字和角色，但是演员一旦进入角色开始他们的表演，他们就会遵循自己的直觉，而不是严格按照你所设计的剧本来演。

电视剧《人世间》中有一场戏：一家人好不容易过年凑到了一起，晚上躺在东北的炕上，雷佳音饰演的小儿子周秉昆突然问父亲觉得他们兄弟姐妹三个谁最好。

都是自己的孩子，哪个不疼哪个不爱啊，这叫当父亲的怎么答？周父闭着眼睛，慢悠悠地说："都好，你姐和你哥不在家的时候，你最好，谁在身边谁最好。"

这一幕我看得落泪。后来才知道，这么动人的表演竟然是雷佳音的即兴表演，而饰演周父的演员丁勇岱竟然接得这么自然。

其实，很多经典的影视表演画面都是演员的即兴发挥。人生也是一样，如果为了避免不确定性而要求所有的事情都按照我们的计划发生，那我们就不再能享受生活给予的惊喜了。

畅销书《逆龄生长》的作者，哈佛大学心理学教授埃伦·兰格认为：我们要发掘不确定性的力量，而非总是寻求一种确定性。她说："事物一直在变化。而众多研究表明，只要我们允许事情发生变化，只要我们认识到我们不知道，机会就会向我们展开。"

的确，我们不是神，生活不可能完全按照我们所计划的发生。与其过度规划，不如学会与生活共舞。当你以自己人生故事剧作家的身份看待变化时，你就能慢慢学会把期望放在一边，专注于你可以控制的事情，摆脱焦虑，享受当下。

让"内在小孩"慢慢长大

讲到这里，你可能也意识到了，"心魔"不过是一种习惯性恐惧，也是一种潜意识中内心对话的特定模式。

"心魔"听起来可恶，总是在关键时刻跳出来对我们说三道四、指手画脚。但其实它不过是我们内心尚未被满足的"内在小孩"。它想要的也不过是安全感、归属感、成就感和掌控感，这些内在动机都再正常不过了，生而为人，我们每个人都需要。

只不过因为它还是个没长大的"小孩"，不知道如何以合理的方式来表达自己的诉求，所以当缺乏安全感的时候，它就会陷入"玻璃心"，或者试图通过迎合他人来获取归属感。当面对不确定性的时候，又希望通过过度控制来获得掌控感。

如果这个"内在小孩"一直不长大，它就会反复出现，从而成为我们的"心魔"——要么自己跟自己较劲，要么跟他人或者环境较劲。当然，现实生活中，不仅仅是我总结的这些"心魔"，还有很多很多，但所有的"心魔"，无论它们的外在表现如何，最核心的都是觉得"自己不够好"。

我们永远都无法完全摆脱"心魔"的控制，但是我们可以学会和"心魔"共处，不再时刻被那个撒泼耍赖的"内在小孩"操控。

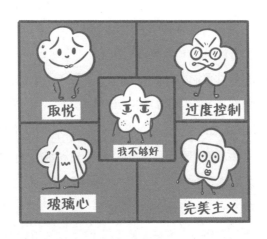

作为教练，我希望通过一系列教练技巧帮你看到自己的内在模式，重新看待自己，重新看待所谓"问题"，让问题不再是问题。其中很多技巧在前面的章节都有提到，在这里不妨总结一下。（想要成为一个国际认证教练，请在"有意思教练"公众号后台回复"学教练"。）

1.提高自我觉察

我们每个人每天从早上一睁眼就会跟自己展开对话，从"起，还是不起"到"睡，还是不睡"，人一天会跟自己产生上万句内心对话。这其中有些对话是善意的自我保护，而有些则是"心魔"。怎么才能识别什么是"心魔"呢？

有一个非常简单的办法。"心魔"是个"魔"，所有的"魔"都很戏剧化，它们总是喜欢极端化、绝对化的表达，比如当你听到"总是""永远""不可能""再怎么也不行"等类似的话时，你就知道那并不是真实的，而是你的"心魔"在作怪。

还有一个办法，善意的内心对话总是以清楚的声音表达出来，而"心魔"则更像是噪声——嗡嗡嗡的，让你觉得很烦，又似乎不知道它到底在说什么，反正就是时不时地跳出来，然后喋喋不休地否定你、吓唬你。

别忘了，"心魔"见光死。当你看到了自己潜意识的模式，就相当于把它从潜意识层面浮现到了意识层面，这时候，你才能用到理性思维、换框思维、故事思维等来分析、判断，从而做出更好的选择。

2.换框思维，从不同角度审视问题

换框法是神经语言程序学的核心方法之一。我们在看外在世界的时候，会选择性地获取自己所需要的信息，而不是信息的全部。你可以用两只手比画出一个镜框来，框里面是你所选择的信息，而框外面则是你"淘汰"的信息。

选择这个框的标准就是我们的惯用模式，**这些模式既是你习惯性的选择，也是你对待这个世界的方式。**

比如，听说公司要裁员的消息，有的人惶惶不可终日，各种担心、焦虑、害怕；有些人则能够冷静地思考还可以做些什么帮助自己降低风险。就是这些模式决定了你选择把什么信息放进框里，把什么信息淘汰。

每个人都有自己的框，这些框由很多历史和现实因素决定，这也是为什么不同的人看待同一件事情时会有不同的反应。但是当原有的模式不能解决眼前的问题时，就可以选择一个新的"框"，从而找到新的答案。

当你陷入困境的时候，你可以先用一句话描述当前的问题，如团队人员能力不够，无法达到业绩目标。

此时你可以问问自己，当你以这种方式看待问题时，你有什么收获？你失去了什么？你还能怎么看？写下五个有可能的视角。比如：

（1）公司的发展速度超过员工的成长速度

（2）业绩目标制定得不合理，难以实现

（3）直属领导没有提供足够的帮助，总是期待团队自学成才

（4）团队太忙，没时间去拓展新能力，只能用现有的能力解决新问题

（5）人岗匹配有问题，可能有些人根本不适合这个岗位，需要调整

这些新视角就是新的"框"，它们可以带来解决问题的新角度。

3.故事思维，用新故事代替旧故事

当初我辞职出来创业之前一直很恐惧，担心养活不了自己。我的内心故事一直在心里发酵，眼看着就要变成惊悚片了。后来，我换了一个故事跟自己讲："好吧，就算你闯荡一番发现自己根本不是创业的料，到时候大不了就回去上班好了，这时候，或许还能讲一个'浪子回头'的故事呢！"

我们的内心故事背后其实是我们如何看待自己。思维决定了行为，行为导致了结果。而当你改变你和"心魔"的内心对话时，你就改变了你的生活。当问题的焦点发生了变化，思考问题的方向和心态也会发生变化，自然就会出现不同的结果。

所以，下一次当你听到自己的"心魔"在给你讲一个恐怖故事的时候，看看你能否换一个故事讲给自己听。注意，改变你的内心故事，就是改变你的心态。

除了这些思维方式，我们在做教练的时候还必须具备一些基本的心态，而这些心态能够帮我们更好地战胜"心魔"。

4.慈悲心

在这个世界上，对我们严苛，甚至残酷到不肯放过我们的人，不是别人，正是自己。而自我慈悲，就是像对待最好的朋友那样对待自己，心怀善意，给自己需要的时间、关怀、陪伴和理解。

就好像我看上去很自信，但也经常觉得自己不够好，生意做得不够大，书卖得不够多，还越来越老……但是带着自我慈悲看自己的时候，我经常会对自己说："你真的很努力了，无论做成啥样，你都值得为自己喝彩！你已经找到了可以为之付出一辈子的事业。既然是一辈子的事，那急啥呢？路还长，时间还有的是，先好好活着比什么都强，以后的事谁都难说。"

越是能接纳自我的人，就越能接纳他人。当我们能对自己更慈悲时，就会对他人更有慈悲心。（在"有意思教练"公众号回复"自我慈悲"，测一测你的自我慈悲做得怎么样。）

5.联结

摧毁一个人最快的方法，就是切断他和这个世界的联结，因为生而为人，我们是一种社会型动物，我们天生需要联结，这是经过神经科学家论证的结论。

在《脆弱的力量》一书中，作者认为联结来自："当人们觉得自己被关注、倾听和重视时；当人们的付出与收获没有受到任何评判时；当人们从关系中获得支持和力量时。"

每个人都需要外界带来的安全感和在一段关系中的归属感。但是当一个人对外在过分关注，总感觉自己不被关注、不受重视，好像每个人都在评判自己时，他就会变得"玻璃心"。而如果总是依赖关系中来自他人的认可来获取归属感，就容易陷入"取悦"他人的怪圈。

其实，联结不一定是你和他人之间的联结，也可以是你和自己的联结，还可以是你和工作、大自然，甚至世间万物之间的联结。你和自己的联结越紧密，你的内心就越强大；你和工作的联结越强烈，你在工作中获得的价值感肯定就越高；你和大自然的联结越紧密，你从其中获得的能量就越多。

"联结"存在于人们之间的能量。当你把自己的能量提升了，不仅能吸引来更高能的人，还能让你和他人之间的联结更紧密。而如果你自身的能量值低，就很容易吸引来侵犯你边界的人。

事实上，"联结"来自清晰的边界感，这一点可能和普遍的认知正好相反。难道不是关系越亲近、边界越模糊的人，关系越好吗？但你仔细想想，为什么父母对我们这么好、这么亲，但有时候我们还会在心里跟他们有疏离感呢？因为父母经常"越界"，插手我们的事情。

建立清晰的自我边界，有助于减少"玻璃心"，因为这意味着我为我自己负责，别人也有义务为他自己负责。你关于我的任何评价都是属于你的，本质上和我无关。

如果在关系中，你能够设定清晰的边界，把焦点放在自己身上，就会减少评判、指责等各种破坏关系的行为，同时也不会过度期待他人的认可，反倒是会增加尊重，促进倾听，有助于建立和维护关系。你会发现，你越不期待别人喜欢你，别人越有可能喜欢你。而取悦从来换不来真正的爱和信任。

6.好奇心

我们对变化和不完美的恐惧都来源于对"对错""成功"和"失败"的执着。然而，单纯地停留在二元对立、只分对错的心智模式，大约是一个5岁儿童的状态。成年人的世界并不是黑白的，而是不同程度的灰。

"对"和"错"、"好"和"差"、"控制"和"失控"之间的中间地带很宽、很长，足以让一个人去探索、去经历失败并且从中学习。

所以，每当你陷入完美主义，或者陷入对不确定性的恐惧时，与其纠结于对错，不如好奇一下，看看这条路究竟会带你走向哪儿。生活不是只有惊吓，也有惊喜。当你对不确定性的接纳能力增加了，你会越来越相信自己的能力和直觉，越来越自信。

每一天都是写下人生新篇章的机会，只不过需要有跨越不确定性的勇气。

7.勇气

说到勇气，你可能会想到一些伟人及其壮举。其实还有一种平凡的勇气，是我们每一个普通人都拥有的能力，它在生活中处处可见。

· 在意识到自己能力不足的时候，向他人求助，直接说出自己的需求。

· 在讨论一个问题的时候，所有人都认同老板的思路，就只有你提出你的顾虑。

· 在边界被侵犯时，就算害怕被别人讨厌，也可以温柔而坚定地说出你内心的诉求。

· 在人人都恐慌的时候，依旧保持一点点理智的判断，就算你的判断和大多数人不同。

勇气就是尽管我很想要确定性和掌控感，但还是能战战兢兢地把自己交给命运去搏一把。

勇气就是承认我们不完美，也知道这个世界不完美，但还是勇敢地把不完美的自己暴露在这个不完美的世界中。

那么根据这样一个定义，你认为在你的人生中，做过的最有勇气的事是什么？

其实，每个人都有足够的勇气，只不过，我们勇气的声音经常被"心魔"的噪声掩盖了。而在面对"完美主义"和"过度控制"这两个"心魔"的时候，我们需要格外用到好奇心和勇气。

你不需要到处去找勇气，你需要的是激发自己已经有的勇气。

真正的勇气，并非没有恐惧，而是在看到恐惧的同时，能够敢于面对恐惧。正如罗曼·罗兰所说：真的勇士无非是在看清生活的本质后依然热爱它。

■ 掌控力练习

回忆过往的一次最有勇气的经历，那次是什么带给了你
勇气？当下一次需要勇气的时候，你会对自己说什么？

Part 3

自在：

安顿自我，保持能量满格

NO LIMITS

01

定制你的精力充电器

精力才是你最宝贵的资源，而不是时间。

——吉姆·洛尔（Jim Loehr）

37岁那年，公司给了我一个机会去英国读在职的工商管理博士。想到以后能被人称为"高博士"，我心里有点飘飘然。没想到开始读了才知道，海量的阅读、调研数据分析、英文论文写作，这些所需要的时间和精力远远超过我的想象。

恰巧我刚刚接手了一个全球团队，整天不是开会就是出差，根本找不到整块的时间写论文。唯一能挤出来的就是周末，但那时候我儿子才5岁，正是需要陪伴的时候。

结果就是上班的时候惦记着写论文，写论文的时候惦记着孩子，跟孩子在一起的时候又惦记着工作……感觉自己累得半死但好像哪个也没做好。这种想做好又做不好的自我评判非但没有转化成动力，反而变成一种内耗。

很多职场女性都这样，事业往上爬坡的时候，偏偏又是家庭负担最重的时候，而且还是体力开始走下坡路的时候。在这时候如果你还想再读个 MBA、考个专业证书，那就更是对精力的极大挑战。

精力不足不单是中年人的问题，年轻人也有年轻人的纠结。他们一边熬着最深的夜，一边敷着最贵的面膜；一边是对健康的渴望，一边是迈不开的双腿；白天明明很累了晚上却又不想睡，总觉得好不容易有点自己的时间，就想一个人安静地刷刷剧，结果第二天早上又起不来，到办公室就靠咖啡续命。

我们经常说一个人精力不够，缺乏"精气神"，总是无精打采的，但你可能从来没想过，"精气神"其实是由三个字组合而成的。从中医学来讲，人的生命起源是"精"，维持生命动力的是"气"，而生命的体现就是"神"的活动。

精：可以简单理解为一个人的体能、体质，这当中有一部分是与生俱来的。比如有的小孩，从小就精力旺盛，不吃不喝还特别有活力。这样的孩子，长大了也是那种特别能折腾的。而后天通过饮食获得的营养提供了"后天之精"，那种能吃能喝、胃口好的人精力差不了。

气：是生命活动的原动力。一个人的气和情绪分不开。我们通常讲"气大伤身""和气生财"，说的都是这个"气"。

神：是精神、意志、知觉、运动等一切生命活动的最高统帅。说一个人目光"炯炯有神"或者"六神无主"，就是神的具体体现。

精、气、神三者之间是相互转换、相互助长的。"人由气生，气由神往"说的就是这个意思。反之也是一样。

我曾经有个下属，她每天早上都像积极的小太阳一样举着咖啡进到办公室，跟每个人打招呼，情绪高昂。但她的体能到了下午三四点就开始枯竭，你能明显地看出来，因为咖啡、饼干都吃上了。

猛一看她补的是体能，但是仔细观察就会发现，原来根本的原因在于，每当她和别人产生冲突和矛盾，她既不知道怎么怼回去，又不知道怎么化解情绪，这种情绪上的内耗导致了她体能的枯竭。

所以精力管理，管理的不是时间，而是能量。如何在有限的时间内，从"精""气""神"这三方面进行有效的提升，从而让我们有足够的能量做自己想做的事?

精力管理的三大误区

1.精力管理，不但要看存量，更要看增量

很多人梦想的工作是钱多活少离家近，但我去过一些这样的公司培训，一进教室就感觉能量很低，学员的眼睛里都没有光。而有的公司，别看挺忙的，压力也挺大，但你一走进去，就觉得这些人两眼都是放光的。

并不是说把压力降到最低，甚至没有压力，你就有精力了;也不是说休息得越多越好，把精力都存起来，就叫作精力管理。因为精力不是静态的，而是流动的。

《精力管理》一书的两位作者30年来一直和世界顶尖的运动员合作，帮助他们提升成绩。两位作者一开始想研究是什么让运动员在高强度竞争压力下保持高水准的表现，结果他们发现，运动员花90%的时间训练，在剩余10%的时间里比赛，以此产生绩效。而

我们普通人，上班的 8 ~ 9 小时全是在产生绩效，回家还要继续产生绩效：做家务，照顾孩子，学习。

运动员每年还有淡季，可以休养生息。我们呢，每年就只有为数不多的假期，还得带着娃到处跑，休个假比上班还要累，哪里是"白领"，根本就是"白领运动员"。

而且我们这种"白领运动员"，别看一天就坐着思考，要知道动脑子也是非常消耗能量的。大脑虽然只占体重的 2%，却需要人体 25% 的氧气供应。只有足够集中注意力，大脑才能高速运转，高效产出。这就是为什么我们在动脑子的时候，特别想吃东西。

运动员是靠运动与休息的交替进行来最大限度地提高表现的，我们"白领运动员"也一样，适度的压力虽然能够刺激到自身精力系统的再生能力，但就像弹簧似的，压力太大或者持续时间太久也会失去弹性。

因此做精力管理时，很重要的一点是，找到精力消耗与恢复的节奏，做到张弛有度，并且不断提升精力的再生能力。

2.精力管理，不但要看进口，还要看出口

小时候你肯定做过一道数学题：水池中一边进水，一边放水，如果放水的速度超过进水，那水池永远也满不了。

精力管理也是一道数学题，不但要看进口，还要看出口。你不能一边进补，一边透支。要清楚地知道什么能给自己带来能量，什么又会透支你的精力。

比如通勤就是很多人精力的一个"漏水口"。在大城市早晚高峰挤地铁是个体力活，还没到办公室就已经感到精力消耗了一半。

数据显示，在中国，有超1400万人正在忍受单程超过60分钟的极端通勤。我有一个上海的学员，他每天上班单程就要2.5小时，长期坐班车颠簸导致坐骨出现问题，后来不得不换了工作。

除了"漏水口"，"漏气口"也很常见。"精气神"中的"气"和情绪分不开。正向、积极的情绪让我们有良好的精神状态应对工作和生活。心情好了，看谁都是对的。心情不好，同事、孩子、老公、婆婆，看谁都不顺眼，做什么都没耐心。

但你有没有想过是什么影响了你的情绪？如果你记过情绪日记，就会发现我们的情绪波动多半来源于关系——亲密关系、亲子关系、同事关系、上下级关系。好的关系会让你得到滋养。但如果这些关系让你长期陷入负面情绪，就会透支我们的"气"。

除了和他人的关系，和工作的关系也很重要。我们一天8小时都在工作，如果你无法在工作中获得满足感、成就感，甚至连安全感都没有，这样的工作对你来讲就是消耗，不累才怪。反过来，如果一个人真心喜欢他的工作，那么工作本身带来的快乐就像是"进大补"。正如"爱你所做，做你所爱"这句话所说的一样。想一想，如果你和工作谈了一场恋爱，那是怎样的精神头？

所以说，精力管理不仅要看进口，还要看出口，找到哪些是特别耗能的事和人，捋顺关系才能让自己"不漏气"。

3.精力管理不依靠自律和意志力，而依靠习惯

每年的新年，很多人都立志要早起、锻炼、减肥、读书、冥想，但到了年底发现哪个也没坚持下来。尤其是锻炼，年初办的健身卡到了年中就变成了洗澡卡，再过两天直接到闲鱼上卖了。

这太正常了。一个人的意志力并非取之不尽、用之不竭的，而是非常稀缺的资源。使用意志力需要调用大量的能量，长时间依赖意志力就像慢性压力一样，会削弱免疫能力。好的精力管理是把最核心的意志力用在你认为最重要的事情上，而不是事事都靠意志力来完成，最后完不成还给自己贴上"意志力薄弱"的标签。

你可能会想，那些成功人士怎么能做到那么自律，又工作又锻炼，还只睡 4 个小时？其实他们能做到这些，靠的不仅仅是意志力，还有习惯。

人类行为中有 95% 都是自动反应或对某种需求、紧急情况的应激反应，只有 5% 是受自我意识支配的。无论是健康饮食还是锻炼身体，在养成习惯之前，这些都需要消耗你的意志力。而一旦养成习惯，就变成了不做都觉得有点不对劲。

想要建立一个新的习惯，首先，要把自己置身于一个精心选择的环境中，尽量让这个环境中所有的因素都能促进你的改变。

比如，如果你要减肥，就不要天天跟那些生活方式不健康的人在一起。一旦看到别人吃东西，你被激发了渴望，想要让自己停下来会很难。

又如，与其打开一包薯片然后跟自己说"我就吃一片"，不如克制自己干脆不买。为了保护稀缺的意志力，索性不把自己暴露在容易引发坏习惯的环境中。

其次，你需要建立一个机制，让身边的人持续给你真实的反馈和正向的激励。

我以前看人家请健身教练，觉得真是有钱闲的，教练也没干什么，不就是你在做动作的时候，他在旁边给你数着："一，二，再来一个。加油，别躺下。起来，再来一个，不错！”

后来我做了高管教练才意识到，即便是这些意志力强大的成功人士，他们要发生改变也是很难的，甚至可以说越成功的人就越难。而作为教练，我起到的作用，就是带着"严厉的爱"给他们真实的反馈，不断给他们喊"加油，别躺下，再来一个！"。

既然精力管理更重要的是看增量，那么怎么才能更高效地提升自己的精力再生能力呢？这就需要做到"养精""补气""提神"。

养精：快速提升体能

"精气神"中，"精"是基础。体能是生命力的核心，它也为我们管理情绪、保持专注提供原动力。体能不够的时候，情绪就不佳，耐心也不够，做什么都难以保持专注。

如果选择刷剧、打游戏、买买买、吃吃吃作为恢复精力的手段，形式太单一，而且容易使人消耗过度，甚至导致焦虑增长。

精力恢复的来源越丰富、越有内涵，再生的效果越好。对我来说，深呼吸、睡眠、锻炼就是精力"快充线"，让我在忙碌的工作生活中能够"充电五分钟，待机两小时"。

深呼吸：呼吸是我们摄取能量的重要方式，就像饮食的质量影响你的营养水平，呼吸的质量也影响你的健康水平。

你可能认为呼吸不就是喘气吗，谁不会啊？！其实，呼吸是养生大法，你看中国的太极和印度的瑜伽，不都是从深呼吸开始的吗？

呼吸也是联结外在世界和内在世界的桥梁，能统合你的身体和思绪。注意力不集中、没精神、焦躁不安等，都是大脑在跟你说"我累了"。想想看，从早上一睁眼，你的脑子就不停地想过去、想未来："哎呀，明天要交的报告还没开始，早知道昨天就不应该出去玩……"能不累吗？

这种不在当下的状态已经成为我们所有人长期以来的习惯。而正念的"念"字拆开看就是"今天的心"——通过"正念"将意识转到当下，给大脑"减负"。

睡眠： 我一直是一个脑袋沾上枕头就能睡着的人，而且不挑地方。创业之后，我才发现这一点已经可以算作我的核心竞争力。

每个人对睡眠的需求不一样，不用羡慕那些号称只需要睡四五个小时的人。事实上很多顶尖运动员都是"睡觉高手"。北京冬奥会速度滑冰男子 500 米冠军高亭宇在采访中说道："（我）最近失眠，才睡了八九个小时。"谷爱凌被问到她一天怎么能做这么多的事情，她的答案就是睡觉。她每天晚上至少睡 10 个小时。

睡不好觉，早已经是一个社会性健康问题，中国睡眠研究会的 2021 年统计数据显示：超过 3 亿中国人存在睡不好、睡不着、睡不够等睡眠障碍，成年人失眠发生率高达 38.2%。而坚持锻炼，可以从某种程度上缓解睡眠问题。

锻炼： 如果让你列出一直想做但没做或者没坚持做的事情，我相信健身应该能排进前三名。也许你会说："想，但没时间。"其实任何事情，说自己没时间就等于说它不重要，最起码没有比其他事情更重要。

健身于我的重要性在于，它增加了我对生活的掌控感，降低了我对衰老的恐惧感。

在这个"颜值即正义"的时代，女性很难不陷入容貌焦虑。在朋友圈看到别人怎么都那么瘦、那么美，反观镜子里的自己——又老又胖。慢慢地，你学会了"美颜"，而且不美颜绝不发图。但是每次抱着手机欣赏半天美颜后的自己，再抬头一看镜子里的自己，还是面色暗沉，那种欺骗感让自己更焦虑了。

这种焦虑感在 40 多岁会到达一个顶峰。在那之后就慢慢接受了，随着年龄的增加，除了智慧是往上长的，其他都是往下走的。

衰老是个不可逆但可控的过程，其中最可控的就是身材。在健身这件事上，我知道只要我能做到科学、持久投入，就一定能看到效果。它比生活中其他任何一件事带来的回报都确定。所以我在 30 多岁的时候就给自己立了一个目标——等我送儿子上大学的时候，从背影看，我俩还像同龄人。现在这个目标已经实现了。

我有很多学员说："我没法坚持锻炼，因为我意志力不够。"但这个逻辑正好是反过来的，因为你没有锻炼，所以意志力才不够。

在《自控力》一书中，作者说道："锻炼对意志力的效果是立竿见影的。15 分钟的跑步机锻炼就能降低巧克力对节食者、香烟对戒烟者的诱惑。"而且你只要开始健身，就会不自觉地吃得更健康，因为想到吃一个汉堡相当于挥汗如雨跑两个小时，就不会那么肆无忌惮地吃了。

在锻炼这件事上，大家的起点不同、爱好不同，你喜欢什么、能做什么，就做什么，不一定去健身房才叫健身。

我有一个学员每天坐公交车上班，早下一站走到公司。还有一个 HR 客户，每天骑车到公司，到了再换衣服。我做的运动比较杂，有氧和无氧都有，不出差的时候我会做瑜伽、拳击、游泳、操课，出差的时候就做跳绳和高强度间歇性训练这种对场地没要求的运动。

无论选择哪种运动开启锻炼，你的目标应该是"开启"，而不是一味追求锻炼的"结果"。并且，不要给自己立3个月内减肥10斤这样的KPI（关键绩效指标）目标，这种目标只会让你因为看不到希望半途而废。你要为自己立一些"跳一下就够得到"的OKR（目标与关键成果法）目标，比如每天走1万步、跳绳1000个等。

你可能在运动中有过"酸爽"的感觉，这是因为运动产生的愉悦感不仅仅在运动的当下能感受到，在运动之后还会让你自我感觉良好。当你能从运动中获得快乐时，哪怕是一点点快乐，也能得到正向激励。

买一身好看的健身服装也是一种正向激励。为什么人们经常健身10分钟，自拍1小时？因为发朋友圈可以获得别人的赞美和鼓励。加入健身打卡社群也是为自己找正向激励的好办法，当有人跟你一起庆祝你每一次小的成功时，就能形成正向循环。

我有一个北欧的学员，生了4个孩子，她的身材早就走样了。身材走样的不仅是她，她老公也变得大腹便便。她想锻炼减肥，但是她老公不爱动，任凭她怎么说都没用，两个人经常为这个吵起来。

后来在我的激励下，她开始每天出去走路，走着走着她老公也加入了，两个人一起带着孩子走。再走着走着，她减了10斤，她老公减的比她还多。所以，不要等着别人改变，你改变了，就能带动身边的人改变。你是你人生伴侣的成长环境，你们都有责任让你们俩共同拥有的环境变得更健康。

补气：在关系中获得滋养

俗话说"不生气就不生病"，生气就像是一场"大地震"，气在心情，伤在身体。尤其对女性来讲，情绪波动大、喜怒无常、焦虑抑郁容易诱发乳腺疾病，这些都是医学研究已经证明的。

但是人为什么会生气呢？我们很少因为什么事生气，而是因为事情当中的人生气，更常见的是生自己的气。所以补气离不开情绪管理，在下一章中我会细讲情绪管理。

此外，"气"是存在于关系当中的。女性经常为"情"所困，职场关系、亲密关系、亲子关系、朋友关系等，任何关系出问题，都会让人"气不顺"。在本部分的第三到五章，我会介绍一些方法，帮你建立以及保持健康的人际关系。

带孩子的确挺累，如若每天河东狮吼，不心力交瘁才怪呢！但如果说孩子来到这世界上就是来折磨我们、消耗我们的，从人类进化的角度来讲，也是不成立的。我们从亲子关系中汲取的爱和滋养，应该比我们付出的要多，才符合进化的原则。

无论是亲密关系、亲子关系还是朋友关系，只要这个关系能够让你获得滋养，就可以起到"补气"的作用。在后面的章节中，我也会分享建立和保持健康的亲密关系的一些秘诀。

提神：找到方向，才有奔头

你发现没有，生活中，那些精力充沛的人都有一个特点，就是活得都特别有奔头。

我们经常说要找到自己的人生使命，什么叫使命？就是你打算怎么使你这条命。如果没有一个相对清晰的长期方向和人生目标，自然每天都无精打采、得过且过。

但现实生活中，很多人做的工作并不是自己喜欢的，或者也谈不上喜不喜欢，因为不知道自己到底喜欢什么，反正别人都在一路快跑，自己也跟着闷头跑就是了。这种对未来方向的不清晰，觉得工作缺乏意义感是很多人精神内耗的主要来源。

就像我最没有精气神的时候，并不是读博士那几年，而是离开企业前的那几年。既不想继续做当下的工作，又不敢辞职，于是天天耗着。就这样，我从一个每天想起上班就跟上了马达一样的人，变成想到要上班就觉得需要鼓起勇气，汇集起全部的意志力才行的人。

在第六章，我们一起来看看如何找到自己的使命，以及工作的意义感。最后，我们来看看为什么说知行合一才是最节能的活法！

■ 掌控力练习

列出你精力再生的来源，越多越好，注意其中有什么重复性的模式。

02

重视情绪信号，看清你的真实需要

做情绪的主人，而不是情绪的敌人！

——苏珊·戴维（Susan David）

我有个高管客户，是个女强人，在最初的几次教练约谈中，我感觉她就是个"钢铁直女"，有点担心她不能"开窍"。没想到，有一次说到孩子的话题，她竟然一下子哭了。我当时心中大喜，有戏！因为她是"通"的。

管理学大师彼得·圣吉（Peter Senge）在《第五项修炼》中也提到，会哭是人与自身某种本质的东西相通的一种表现。通才能透，就好像你去医院打点滴，如果血管都是堵着的，什么药都打不进去，这样的人就很难改变。

哭，是一种情绪的宣泄。医学研究指出，哭泣可以释放催产素和内啡肽，这些化学物质有助于缓解身体和情绪上的痛苦。

小时候我们都会哭，但长大以后我们学会把哭声调成了静音。

尤其是在职场上，很多男性领导都有着"既不过分兴奋，也不过分沮丧"的理性人设。而女性领导最怕的就是被贴上"情绪化"的标签，于是经常刻意压抑自己的情绪以免被别人诟病，不苟言笑的"女强人"就是这么来的。

其实，情绪并非恶魔。人只要活着，就会有情绪和情绪的波动。你见过哪个活人的心电图是一条直线的？情绪本身是一种身体的化学反应，这也决定了它不受意识的控制。戒掉情绪既不可能，也不可取，但戒掉情绪化是必须的。

一个情绪化的老板会让下属很痛苦，一双情绪化的父母则会让整个家庭都很痛苦。因为当一个人变得很情绪化，会随时随地、不分场合地把情绪挂在脸上。这让下属、孩子谨小慎微，惶惶不可终日，沟通的过程也变得不可控，结果更不可预期。

情绪没有好坏，只有高低

情绪之所以被妖魔化，是因为很多人有一个误区，认为"负面情绪"一定是"负面"的，要躲得越远越好。其实情绪是一种能量，即使是负面情绪，也有它的能量。

美国著名心理学家大卫·霍金斯（David R.Hawkins）提出过一个概念叫作"霍金斯能量级别"。他将各种情绪，从最负面、最伤身的情绪，到最正面、最滋润的情绪，按照能量等级进行了一个排序。

能量值从 0 到 1000，200 以下为负面情绪，200 及以上为正面情绪。你会发现，即便是负面情绪，在这个排序里也有一个能量

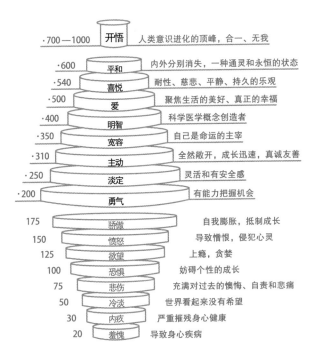

能量级别		描述
·700—1000	开悟	人类意识进化的顶峰，合一、无我
·600	平和	内外分别消失，一种通灵和永恒的状态
·540	喜悦	耐性、慈悲、平静、持久的乐观
·500	爱	聚焦生活的美好、真正的幸福
·400	明智	科学医学概念创造者
·350	宽容	自己是命运的主宰
·310	主动	全然敞开，成长迅速，真诚友善
·250	淡定	灵活和有安全感
·200	勇气	有能力把握机会
175	骄傲	自我膨胀，抵制成长
150	愤怒	导致憎恨，侵犯心灵
125	欲望	上瘾，贪婪
100	恐惧	妨碍个性的成长
75	悲伤	充满对过去的懊悔、自责和悲痛
50	冷淡	世界看起来没有希望
30	内疚	严重摧残身心健康
20	羞愧	导致身心疾病

霍金斯能量级别

值，只不过它的能量值非常低。

当长期处在那种低能量状态时，我们的身体和工作、生活的状态就会受到负向的影响。

与此同时，我们也要看到，每一种负面情绪背后，都有它正向的意义。比如，"恐惧"肯定是一种负面情绪，但如果你看到一只老虎，恐惧会刺激你的肾上腺素，让你赶紧逃跑，这就是能保命的能量。

工作中，我们难免会遇到"困难"的事情，从而产生畏难情绪，这并不是坏事。因为这些"困难"不过是信号，它们在告诉你，也许你方法不对或方向有误，提醒你要好好分析。"痛苦"可能让你痛不欲生，但是如果你回想一下自己的每一次改变，无论是换工作还是换男友，正是因为痛苦到不能忍受，所以你才选择了改变和突破。

如果你曾经经历亲人的离世，就能深刻体会到那种被"悲伤"淹没的感觉。但正是这种感觉，才让你更加珍惜现在拥有的一切，因为我们随时会失去。还有，你是不是上台演讲之前会很紧张？那是因为你很重视这次演讲，而"焦虑"就是想提醒你要好好准备，得再加把劲才行。

从这个角度来看，情绪可以是一种非常好的自我保护和自我激励的资源。你可以把每一种负面情绪想象成拥有不同性格的"渣男"，经常惹你生气、伤心、难过，但偶尔也会给你温暖、帮助、支持、幸福。如果你能透过它的"渣"，看到它背后的好意，就不会总是逃避自己的负面情绪，而是学会接纳了。

既然情绪没有好坏之分，只有多少、高低的差异，那为什么要强行把情绪这种能量压下去呢？被压下去的情绪，早晚会从其他渠道爆发，而管理情绪，更像是让这种能量朝着你期望的方向流动，并且在这个过程中让自己从低能的状态转换成高能的状态。

不过，状态转换的前提是，你需要先识别自己当下的情绪。每当你感受到情绪的时候，学会和它静静地相处一下，感受一下那种情绪到底是什么。只有了解情绪，才能化解情绪。（在"有意思教练"公众号回复"情绪词汇"，即可获得 500 个情绪词汇。）

我们在做教练的时候，有一个方法就是让客户把手放在身上不舒服的地方，仔细感受那个让他难受的感觉。通常情况下焦虑走脑，纠结走心。比如我焦虑的时候会觉得头皮发紧，肩膀和脖子酸疼，而纠结的时候会感到胸发闷，好像喘不上气来。

每个人的身体感受都不一样，你需要留意这些看似细微的差别，尽量找到一个最合适的词来形容自己当下的情绪，不要泛泛地用"不开心""不爽"来描述。

有一次，一个女学员来找我教练，说她因为职业方向的选择而纠结、焦虑。我让她多说说到底是纠结还是焦虑，她很纳闷地说："这俩不是一回事吗？"

纠结和焦虑就像是糖尿病和高血压，都是现代人的"常见病"，而且总是前后脚成对出现，但它们是两种不同的情绪。

纠结是什么呢？当你的目标不清晰，或者在多种选择中不知道如何取舍的时候，通常会纠结。

焦虑呢？是你知道目标，但不知道怎么去实现，或者担心自己无法实现目标。

那又纠结又焦虑呢？就是既不知道自己想要什么，又不知道怎么实现自己想要的。

比如，毕业了以后不知道自己是该考研还是该找工作就会纠结，决定想要找工作但不知道怎么才能找到喜欢的工作就会焦虑。好不容易收到了好几个 offer（录用通知），又不知道自己要选哪个，就又变成了纠结。

当你能够准确地判断情绪时，就能更好地认识情绪背后的需求。

6秒钟，创造情绪缓冲

我儿子9岁的时候经常喜欢下了课去我们家对面的工地玩。我跟他说了好几次不要去，既危险又妨碍人家工作，他都不听。有一次，他又和两个同学骑车去工地玩，结果工人故意把他们的自行车胎扎了，还报了警。最后警察来了，把他们仨挨个送回了家。

如果你家孩子被警察押送回家，你的第一反应会是什么？是震惊，还是生气？你会不会气得数落他一通"妈妈不是早就跟你说了"？

我那天见到儿子的第一反应，是蹲下来抱了抱他，问："害怕了吗？"

他点了点头，对我的反应很诧异，他以为自己要挨一顿臭骂。没想到紧接着我的第二句话让他更诧异了。我问他："自行车坏了吗？要不要妈妈明天帮你送去修修？"

第二天，我不仅把他的车送去修了，还顺带把他同学的一块送去了。当然，从那以后，他再也没有去工地玩了。

你会不会疑惑我怎么这么冷静，这情绪管理做得也太好了吧？

事实上，警察把他送回家的时候，我正在公司附近的超市买菜。家里阿姨打电话说警察来了，然后警察在电话里跟我说明了情况。我当时这个气啊，心想："可真有出息！小小年纪，竟然连警车都坐过了，我还没坐过呢。"

但是为什么我回到家后表现得那么冷静和富有同理心呢？因为从超市开车到家需要30分钟，这一路我有充分的时间摆脱"情绪脑"的控制，恢复"理智脑"。

人类的大脑可以粗略地分为三层：最里面的是脑干，负责人体的基本功能，比如呼吸、心跳等，这部分脑也被称为"本能脑"，进化时间为上亿年；包裹着脑干的就是边缘系统，有下丘脑、杏仁核等，负责情绪的产生，也被称为"情绪脑"或"哺乳动物脑"，进化时间为 5000 万年；最外面的是皮层，也被称为"理智脑"，它负责进行思考、逻辑推理等理性思考，进化时间为 200 万年。

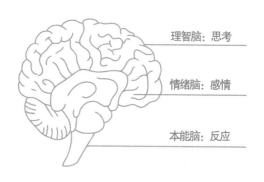

理智脑：思考

情绪脑：感情

本能脑：反应

因为进化时间更长，相比起理智脑，情绪脑更顽固且更简单粗暴、爱憎分明。比如杏仁核就像哨兵，遇到危险，立刻在脑子里做出是"战"还是"逃"的判断，而理智脑的反应速度则慢得多，且当杏仁核进行着激烈的情绪反应时，它会阻断大脑皮层的反应。

所以想要驾驭情绪，最重要的就是在事情发生的当下为自己创造一个"缓冲"，让我们的情绪脑能顺利过渡到理智脑状态。

这就需要运用著名的"6 秒钟法则"，简单来说就是发现自己的情绪快要被引爆的时候，首先降低声音，继而放慢语速，最后胸部挺起，做一个深呼吸。在心里默默从 1 数到 6。这个过程正好 6 秒钟。

当你能暂停的时候，就可以试着问自己几个问题。比如："这件事情，10 小时以后，10 天以后，10 个月以后还重要吗？"你会发现，这么一问，很少有事是事了。

等理智脑慢慢启动，你还可以进一步分析利弊。比如那天我开车回家的路上，一开始怒火中烧，慢慢地我觉得这也挺好，平时我说了没用，警察替我做了工作不是更好？这时我才想到一个 9 岁小孩坐在警车里应该挺害怕，所以回家要先好好安抚一下儿子。

总之，从超市到家这一路给了我充分的时间去处理自己的情绪。而人只有当自己的情绪被处理好了，才有可能去照顾别人的情绪。否则，即便勉强能照顾到别人的情绪，也会透支精力。

举个例子：同样是辅导孩子做作业，当你状态好的时候，你可以很耐心，否则很容易开始河东狮吼。孩子还是同一个孩子，作业还是同一份作业，差别只是自己的状态。

改变信念，跟情绪和解

处理好情绪之后，我们再看情绪背后的问题。

为什么在辅导孩子做作业的时候我们会着急上火，真的是因为孩子作业写不好吗？并不是。而是我们通常会认为，如果连作业都写不好，那考试一定也考不好，以后就上不了好的学校，找不到好的工作……是这一系列关于写作业的"信念"让我们着急上火。

美国心理学家埃利斯（Albert Ellis）把这个问题研究得特别清楚，他提出了一个 ABC 理论：A 代表外界的刺激事件，B 代表你的信念，C 代表产生的情绪和行为后果。

从前因 A 到后果 C 之间，有个非常关键的因素 B，也就是我们如何看待与解释 A，决定了我们会有什么样的情绪与行为。也可以说，情绪来自我们心中的信念。

比如，如果明天需要向总经理做一个汇报，对有些人来说这是一个展示自己的好机会，可以让总经理看到自己的价值，所以会非常兴奋；而有的人会觉得非常紧张；还有人会因为担心自己的内容不够有吸引力、达不到总经理的预期而焦虑。

你看，每个人赋予了这件事情不同的信念，而这就会导致对同一件事情产生不同的情绪。

所以，当出现你不喜欢的负面情绪 C 时，先别急着去抱怨 A，而是梳理一下，是什么样的 A，经过什么样的 B，导致了这样的 C？看看 B 是否合理，有没有被恐怖化、绝对化，或者过分概括。

在前面的例子中，因为担心自己的表现不能达到总经理的预期而焦虑的人，心里可能有这样的恐怖化信念：如果这次工作汇报搞砸了，那我就给公司大领导们留下了不好的印象，我的职业生涯就完了！

局外人很容易看出这些信念都是极端的。所以，每当你听到自己脑子里出现"必须""再也"这些声音的时候，就要去反驳它们，并建立起新的、更合理的信念。

你可以跟自己说："我会尽全力好好做准备，汇报中出现的任何问题，都是我可以继续提升自己的机会。""我可以优秀，我也可以接受自己犯错误。"

当你有了新的、更合理的信念，并且开始相信它的时候，你的情绪一定会随之发生变化。而这个过程，就是和情绪和解的过程。

超越情绪，干大事的人不纠结于眼下

我有一个老学员在美国工作，是个北大、耶鲁学霸。有一次，她跟我抱怨公司里有人总想抢她的地盘，自己虽说也知道跟这些人争没意思，但就是不甘心，总觉得凭什么啊。这个问题已经困扰她一年多了。

我跟她说："你明知道争这些没意思，但依然放不下，是因为还没有一个更大的愿景是你想要的。"

心还不够大，难免会纠结于眼前的人和事。如果能不拘泥于眼前的得失，也不把自己当下的利益看得那么重，就不会陷在情绪里。

后来这个学员在业余时间学做高管教练，一年后辞去工作，在纽约成立了自己的高管教练公司，现在做得风生水起，自己也很享受。

在做教练的过程中，当被教练者诉说自己当下对某人某事的不满的时候，我们经常会问一个问题："嗯，那么你真正想要的是什么？"

问这个问题的目的是让被教练者跳出眼前的困境，站在更高维度去看问题。当能放眼于未来，用一个更远、更大的目标来看今天面临的问题时，你就能做到超越情绪。事实上，那些成功的企业家，他们真正厉害的地方并不在于没有情绪，而在于他们志存高远，拥有超越当下的长期目标。

案例：探索情绪背后的礼物

我的一个员工辞职了。虽说我们之前关于工作有过一些矛盾，但我从来不觉得那些矛盾不可调和到要"分手"的地步。毕竟在一起3年了，那么多苦日子都一起过来了，现在好日子来了，咋说不过就不过了呢？我心中虽不解、不忿，却也没有极力挽留。我很清楚，强扭的瓜解渴，但不甜。

那天下班以后，我留在办公室直播，心里总觉得堵得慌，想哭。但是马上就要直播了，哭花了妆可不行，掉了两滴眼泪，我就把剩下的咽了回去。回到家里，还是觉得不爽，我在屋里边走边跟我老公说："气死我了！气死我了！"心里还是堵得慌，想哭。但并没有哭，因为我更想知道的是自己为什么想哭，这背后的情绪到底是什么。如果仅仅把哭作为一种宣泄，都没搞明白想要宣泄的是什么，那岂不是白哭了？情绪，就像快递小哥，我迫不及待地想要知道，这一次它到底给我送的是什么礼物。

心理学中有个著名的"冰山理论"，冰山上面是我们看到的别人和自己外在的行为，以及由此产生的应对方式——喜欢、不喜欢、同意、反对……这些反应给我们带来的感受有：喜悦、幸福、委屈、愤怒、恐惧……

再下一层是"感受的感受"，就是当你觉察到自己的感受时，你的决定是什么？是抵抗它，忽略它，还是接纳它？

通常情况下，面对负面感受，大部分人会选择以各种方式逃避。比如，有的人一焦虑就想吃东西，也有的人一有孤独感就想刷剧，还有一种逃避方式比较隐蔽，那就是自嘲，看上去嘻嘻哈哈一笔带过，其实心里并没有过去。

防御系统是一把双刃剑，既能让我们处于舒适的状态中，也能让我们规避一些危险和威胁。但如果无意识使用或过度使用"自我防御"，就是画地为牢，陷入了自我欺骗中。

那天我之所以想哭却没哭，是因为我不想白哭。在"感受的感受"这个层面，我选择了带着好奇去靠近它，探索它背后的礼物是什么。

那天我虽然一直在念叨"气死我了"，但其实我很清楚，并不只是"生气"那么简单。因为在这种情况下，"生气"作为一种情绪，颗粒度太大，我就是一时半会儿还没琢磨明白到底是什么情绪，所以暂且管它叫"生气"。对大多数人来讲，也许没琢磨明白就没琢磨明白呗，何必纠结于到底是什么情绪呢？但我并不想放过这么好的了解自己的机会。于是我仔细琢磨我为什么会"生气"，除了"生气"，还有什么复杂的情绪在背后？这时候，我老公凑上来问我："你生气是不是因为，就像你本来对男朋友就有不满意的地方，但你没提分手，想再给他一次机会，结果没想到他反而先提出来了，所以你气不过？"

听他这么一说，我忍不住乐了。尽管这些年来，我拼命想让自己不那么争强好胜，但"想赢"的心还是深深地刻在我的骨子里，就连"分手"都不能输给对方。

我笑着接纳了这一点，并且告诉自己："嗯，没事，慢慢来，继续修炼。况且争强好胜的心也在事业上帮了我，它并不是一个绝对的缺点。"走过"生气"这第一道门，我继续往里走，这时候我感觉到了"委屈"和"受伤"。我心想："之前，是你要求转岗的。的确，新的岗位你不适应、不喜欢，我们也因此发生了不少冲突和矛盾。但我的出发点一直都是希望你变得更有本事，而且，你完全可以跟我说再换回原来的岗位，为什么连问都没问就选择离开呢？"

想到这儿，委屈的眼泪掉下来。但同时，我也意识到我是一个对他人期待很高的人。每个人都有自己的成长方式，也许她并不想要以这种方式成长。而我应该更包容不同的价值观，而不是拔苗助长。

穿过"委屈"和"受伤"这道门，我没有停下来，而是继续往里走，想看看还有什么情绪隐藏在后面。这一次，我看到了由自我怀疑带来的"羞耻"。

作为一个领导力教练，我觉得自己就算不是最好的，也是很不错的领导，是很多人心甘情愿追随的领导，怎么能这样被下属抛弃呢？那一刻，羞耻感就像大浪一样把我席卷了。我像是在一叶小舟上，努力让自己不要翻。在这个挣扎的过程中，我看到了我对自己的期待——我必须是一个受人爱戴的领导。

但这是一个不现实的期待，况且就这一个员工不愿意继续追随我，不代表我就是一个不值得追随的领导者。这明显是以偏概全，于是，我跟自己说："得了，别想了，你还是一个好领导，不过需要继续修炼而已。"这时候，我感觉我好像已经走到了情绪这条路的最后，心里敞亮了很多，不像一开始那么堵得慌了。但是隐隐地，我还是觉得有最后那么点情绪没被看到。

躺在床上，我心想："唉，当一个创业者真是太不易了，什么都得顾着，你想追业绩，给团队好的生活，人家还不稀罕！"

想到这儿，眼泪又不争气地流了下来。这一次，我很清楚，这是一种"孤独"的感觉，于是我在内心狠狠地抱了抱自己，告诉自己："小姑娘，你真的很不容易，也很棒！"

从"生气"到"委屈"到"羞耻"再到"孤独"，最后到"接纳"，从对他人的愤怒和对自己的苛责，到放下怨气，这一路探索下来，我看到的不仅仅是情绪，更是自己和他人。

所以，你说宣泄情绪有什么不对的吗？没有，就是有点浪费资源。有了情绪，如果你连琢磨都不琢磨一下，就好像快递小哥千里迢迢给你送了个包裹，其实里面是个礼物，但你连看都不看就扔了一样，多浪费！

这个"拆包裹"的探索过程可能并不舒服，没有大哭一场爽，也没有给自己买个包解气，而且还需要时间——情绪越强烈，化解的时间就越长。在这个例子里，事实上我前前后后用了差不多两周才消化掉。

一旦看到包裹里的礼物，就可以让情绪这个快递员走了，你什么时候见过有人包裹都打开了，还抱着快递员死活不让人家走的？而当这种情绪彻底走了，不但自己一身轻，也不会留下对他人的怨恨。

在这位同事的散伙饭上，我送了她一个礼物，是我在苏州博物馆买的一对耳环里的一只。这对耳环一只是个"不"字，送给她，希望她以后能学会更好地说"不"；另一只是个"听"字，留给我自己，提醒我要多听下属的声音。我和她至今保持着亲密战友的关系，毕竟我们是在创业初期一起打江山结下的情谊。

这个探索的过程虽然痛苦，但很值得，因为你对情绪越了解，就越能接得住情绪，而且能更快地从情绪中复原，对生活的掌控感也就越强。

而如果我们不把负面情绪及时化解掉，它就像带刺的植物，你把它揣在裤兜里，别人看不出来，平时也不碍你事，但是一旦碰到什么东西，它就会刺到你。你很疼，气急败坏地去骂那个碰到你的东西，在这个过程中，会消耗极大的精力，但问题根本与碰到你的东西无关，而在于你裤兜里的刺。

■ 掌控力练习

1.你觉得你常常陷入的自我防御模式是什么？选择一个自己最近经历的带给你负面情绪的事情，用"冰山模式"走一圈试试，看看那件事情带给你的礼物是什么。

2.写情绪觉察日记也是一个能够帮助你增加对自己觉察的方法。具体的做法就是每天复盘自己的情绪和评判：

·当天发生的哪件事情让你产生了情绪？当时你脑海里浮现出了什么念头或评判？

·现在回想起来，你看到了自己什么样的意图或者期待？

·为什么会有这样的意图或期待？

·用批判性思维来观察，真实的情况到底是什么样的？

·在这件事情中，你觉察到自己是一个怎样的人？都有哪些卓越的品质？

·你还可以发展出来哪些品质？

·你可以采取的行动是什么？

经常练习写这样的觉察日记，可以帮你更好地在复杂的情境中创造觉察，有意识地调整自己的情绪和行为。

03

如何处理人际关系中的冲突？

你所看到的每件事，都是你内心世界的投射。

——克里斯多福·孟（Christopher Moon）

我以前有一个做销售的同事特别有才，人长得帅，衣品无可挑剔，但不知道为什么总和他老板搞不好关系。

一开始他抱怨老板，我觉得肯定是他老板有问题。后来他换了好几个老板，再后来又换了好几个公司，结果每次见面还是同样的主题：抱怨他的老板有多糟糕。我就纳闷了，怎么全世界的坏老板全让他赶上了呢？

和老板的关系搞不好只是职场小白的问题吗？并不是。我的这个同事是个总监，我教练过很多高管，他们也有类似的问题。

有时候我会推荐《亲密关系》这本书给我的客户，他们很纳闷："我明明只是和老板的关系搞不好，又不是和老婆的关系不好，你为什么让我研究亲密关系？"

因为领导力和影响力都不是什么高深的学问，它们不过是研究关系的学问而已，跟亲密关系有着类似的底层逻辑。

和老板的关系映射着自己和权威的关系；

和下属的关系体现了自己和孩子的关系；

和同事的关系反映了自己和朋友的关系；

…………

学会处理职场人际关系，能够让我们更好地看清自己，也能帮我们在生活中更好地处理各种复杂的关系。

所有冲突都是为了让你认清自己

在《亲密关系》这本书里，作者指出："责怪、批评与指责是人类防御机制的关键要素。责怪他人、批评他人行为、指责他人不愿改变，其实是一种轻而易举的手段，能够简单地利用道德批判，将自己提升到一个高于他人的位置，也使我们摆脱了自身的不安。"

我的这个同事也是如此，不断指责和批评老板可以让他摆脱不安，却没有让他获得成长。

仔细想想，在任何一种关系中都离不开"责任"。在亲密关系中，如果你把你的伴侣当作你的爱与幸福的来源，认为对方要满足你的期待，让你开心是对方的责任，那你会很惨，对方也会很累。

同理，满足你的期待，让你开心是老板的职责吗？公司付钱给他是为了让他来干这个的吗？肯定不是，你的老板完全没有义务哄着你开心——他又不是你爸妈，他的唯一责任是给公司创造价值。

只不过，他需要借由你和团队来创造价值。同样，你也需要借由老板给你的这份工作来体现你的价值，从而获得报酬。

所以，你们彼此都要对这种关系负责。与此同时，你需要认识到，发生冲突的时候，你追求的很可能不是如何解决问题，而只是想要证明自己是对的。

无论是在亲密关系和亲子关系中，还是在职场关系中，所有冲突的背后，其实都是权力的冲突。当关系中的双方都努力地想要改变对方的想法和行为的时候，权力斗争就开始了。只不过权力斗争总是伪装得很好，从冷战、爱搭不理、冷嘲热讽，到私底下给对方下绊子、公开争吵，甚至拍桌子瞪眼。

所以，当发生冲突的时候，你要切记：你生气的原因，并不是你以为的那件事。

有一次我们公众号小编发了一篇文章，她发之前我就知道阅读量肯定高不了。果然，第二天，文章发布之后，其阅读量成了"有意思教练"公众号史上最低，她自己也很沮丧。

我很想说"我早就知道"，但话到嘴边又咽了回去，只说了一句："嗯，回头好好看看怎么改进流程。"

其实，话说到这儿就蛮好的，但我忍不住又来了一句："那篇文章没有任何洞察，难怪没有阅读量！"然后又长篇大论地教育了她一番该如何选文章。说完我感觉自己这口怒气可算是出去了，但同时我也意识到，我看似是在教育她，其实不过是忍不住想要证明自己是对的。

想想你和孩子、伴侣之间的争吵，是不是也一样？你想让孩子多穿点再出门，想让老公少打点游戏，这样做看似是为了他们好，其实说到底还是想证明自己的想法是对的。有时候吵到最后甚至忘了一开始为了什么而吵。

有的时候，如果无力改变局面，但又不想承认自己能力不足，那最快的解决方法就是证明自己是对的，而这只需要批评、责怪或证明别人是错的就行。

比如我，真正气的是那篇文章的阅读量低吗？并不是。于我来讲，这么烂的文章发出去，我也觉得很丢脸，但我又无力挽回，而如果我能证明小编是错的，那我就是对的。而觉得自己是对的，就多多少少能抵消痛苦的感觉，但这不过是把痛苦转移给了别人，真正的问题并没有从根本上得到解决。

所以，每当你和他人陷入争执的时候，你需要问自己："你想要证明自己是对的，还是想要问题得到解决呢？"

如果是后者，就要学会放下立场，解决问题，让冲突变成一份礼物。

"所有的问题，其实都是经过伪装的礼物和宝贵经验。"这句话饱含哲理，但是深陷痛苦的人，在当下是看不到这份学习和成长的，如果没有足够的内省，问题也许会被掩盖，但不会消失，痛苦也许会被时间冲淡，但伤害已变成了疤痕。

下面分享一个案例，我们一起来看看可以怎么做。

认清自己在冲突中的责任

我曾经教练过一个高管晓静，看上去瘦瘦弱弱的，但性格霸道，一点都不像她的名字。她和几个老板的关系都很紧张，经常公开地在会上爆发冲突。我们的第一次"化学会议"在她办公室，这次约谈的主要目的就是确认彼此是否能看对眼——她要判断我是否能帮到她，我要判断她在现阶段是否具备改变的可能性。

简单寒暄之后，我们就进入了正题。说到和她老板的关系，她能意识到在这段紧张的关系中，她和老板双方都有责任。即便如此，她还是忍不住气鼓鼓地反问我："那为什么你不去教练他？"

我看着她的眼睛，很平静地说："因为你们HR不是付钱来让我教练他的，而是让我来教练你的。"

我猜想也许是我当时那份温柔的坚定让她最终选择了我，而我恰恰是因为看到她足够痛苦且有自省能力，才判断她是有可能改变的。

人只有在痛苦的时候，才会想要改变。当生活一帆风顺的时候，谁会想要改变呢？

这些问题和痛苦，经由充分的内省，才会变成一份礼物。作为教练，我的任务，就是帮她发现这份礼物。

其实，她痛苦，她老板也不轻松。后来我访谈了她的两位老板，他们都抓着我诉说，停都停不下来。最后他们的HR跟我说："高琳老师，你就是我们的最后一根救命稻草啊！"

我说："我不是最后一根救命稻草，客户本人的改变意愿才是那根稻草！"她要先为这段关系负责才行。

当关系中出了问题，两个人都有责任。关系中的两个人也肯定都不舒服。这时候，那个更在意这份感觉的人要主动做出改变——并不是对方不需要改变，而是我们只能改变自己。

而只有当客户打心眼里愿意为这段关系负责时，我才会帮她。

因为，教练不是来帮被教练者收拾这个烂摊子的，教练是赋能于她，让她自己找到动力和方法来收拾的。

所以，尽管晓静的老板和 HR 都希望我赶紧给她传授一些沟通技巧，但我一点也不着急这么做。作为一个训练有素的教练，我不能头疼医头，脚疼医脚。我知道要解决问题，必须先跳出问题的框架。我必须像一个老中医一样帮着客户透过这些矛盾和冲突，去看到自己的内心世界，帮她打开这份礼物。

认清自己在关系中的角色

在后面的几次约谈中，我发现每当晓静和她老板发生冲突时，她就去找老板的老板，也就是大老板倾诉。而她的大老板一方面很赏识她的才能，因此总是出面帮她摆平问题，甚至还会越过她去直接干涉她的团队，但另一方面又很烦恼总得帮她收拾烂摊子。

心理学上有一个著名的"卡普曼"三角理论，即人们总是在关系中不自觉地承担着"受害者""拯救者""迫害者"的角色。

受害者通常感觉自己非常无助，无能也无力为自己负责，因此寻找拯救者来照顾他们。

当拯救者没有实现他们的期待时，他们可能感到失望，甚至可能去迫害拯救者。

迫害者通常对自己的负面能量毫无觉察，完全没有意识到自己的行为产生的破坏性结果。

有意思的是，拯救者经常会觉得自己也是受害者，但常常会被其他人看作迫害者。

就像戏剧一样，拿到这个角色的人就会出演这个角色的剧本，所有这些都是无意识行为。而教练要做的，就是让这种无意识变成有意识。

晓静在这段关系中扮演的就是受害者，迫害者是她的老板，而拯救者是她的大老板。每当她和老板发生冲突时，她就去找大老板倾诉，而她的大老板也很愿意承担这个拯救者的角色，因为他享受那种力挽狂澜的成就感。但同时，大老板又觉得一天到晚帮她收拾烂摊子很烦，所以他觉得自己也是"受害者"。

所以当晓静看清了这个游戏剧本时，就意识到要打破这个恶性循环，她必须采取为自己负责的态度，因为这个世界没有谁能拯救谁，我们都只能自救。

接下来，她开始调整和老板的沟通方式，尽量少找大老板抱怨，并且明确地告诉大老板，尽管她很感激他的帮助，但他的越级沟通也给自己带来了一定的困扰，这让大老板也从拯救者的角色中走了出来。

在这个过程中，她的老板，也就是迫害者本身并没有改变，还是以同样的方式"迫害"着所有人，但是晓静改变了，她选择用更有效的方式来面对冲突，也让这段关系真正开始步入正轨。

放下立场，解决问题

在一段有冲突的关系中，双方都从自己的角度去看事情，并坚持自己是对的。但如果你能够放下自己的立场，从对方的角度来看一看，那么你就可以把两人的意见综合起来而得到事情的全貌。

在一次教练约谈中，我建议晓静无论她老板说了什么在她看来不可理喻的话，都先不要急于反驳，而是说："嗯，我明白你的意思。"然后再表述不同意见。如果实在不明白对方的意思，也可以问。

她说："我这样妥协难道不会让他更得寸进尺吗？"

不，这不是妥协。关系中的妥协，并不能完全满足冲突中的任何一方，因为两个人都觉得自己没有得到真正想要的。而且，比这个更严重的是，真正的问题并没有得到处理。

这个动作叫作"回应"，意思是"我听到了"。听到不代表你就完全理解他的立场，更不代表你同意，但最起码你向对方表达了一个姿态，那就是你努力想要知道对方的立场，他为什么会这么说、这么想。

你可能会说："那我怎么知道对方的立场呢？如果他就是不说呢？"事实上，当你让自己沉浸在对方的角色中，带着同理心去试图理解对方时，你会发现你所了解的对方远远比你想象的要多。

所以在接下来的一次教练中，我就带着晓静做了一个"第三方实体"的练习，这是组织关系系统教练中的一种练习。

首先请她先假想她老板就站在她对面，我问："你有什么想对他说的吗？"

她想了想说："我觉得你经常提一些不合理的要求，好像我们团队都是白痴！"

然后，我让她走到对面，现在假想自己是她的老板，当他听到这句话的时候会怎样回应。

她想了想，似乎都不需要像演员那样酝酿感情就直接代入了。她说："我不是觉得你们都是白痴，我就是觉得你们对客户的诉求把握得不准，做出来的东西也不够专业。"

之后，我又邀请她走回自己的原位，这次再作为自己对刚才听到的话做出一个回应。

这样来来回回走过几轮之后，"双方"都充分表达了观点，最后我邀请她走到中间，这一次她代表的既不是自己，也不是别人，而是他们之间的关系。站在关系的立场上，她想对彼此说什么？

晓静听了我的问题觉得很蒙，什么意思？关系又不是人，怎么能说话呢？

对，关系的确不是人，但是关系也是一个生命体。每段关系也都有它的生命周期，有开始，有结束，否则我们就不会说"哎呀，我们俩这段关系没戏了""关系僵死了"这样的话。

当你把关系本身当作一个有生命周期的生命体去看待的时候，就能理解这个任务了。她听我解释完，将信将疑地站在中间，想了一会儿，然后说："都是为了把工作做好，何必呢？好好沟通不好吗？"

你看，好像就是简单地来来回回走了几轮，但实际上这个教练练习的目的是让客户放下自己的立场，站在对方和第三方的视角重新审视两个人的诉求。

在冲突中，只要一方采取了一个立场，对方就会自然而然地采取相反的立场，要不然哪儿来的斗争？此时，两个人之间的关系就是第三方视角，站在这个视角看到的是一个更大的图景、更大的目标，这样就能帮助冲突中的双方放下各自的立场，从这个更大的目标出发来解决问题。

这项叫作"第三方实体"的练习，就是帮她投入一段对话当中，只不过这段对话，如果在现实生活中，可能还没说一半就先吵了起来。

这次练习让晓静感到很神奇，我就像个导演在说戏，她也完全代入了，走的时候，她决定回去要好好地和老板坐下来深度沟通一下。后来，他们之间的矛盾得到了非常有效的解决。

处于权力斗争中的双方，其实内心都感受到了同样的痛苦，但两个人都避免去触碰这份痛苦，所以没有机会看到痛苦之下隐藏着的爱和善意。

但我们本可以做出不一样的选择——对自己的痛苦负责，不怪罪对方，表达自己的痛苦，让它浮上台面。痛苦一旦浮上了台面，两人就可以选择平静地去体验它，用信任来支持彼此，一起战胜它。要做到这样，最简单的方式就是和对方沟通。

总之，当我们在关系中感受到痛苦时，不要逃避，学会走进痛苦，直面它，痛苦就会转变为一份礼物。它会让我们更了解自己，也更了解彼此。

如果你不喜欢现在的状态，就需要放下你自己坚持的立场，去寻求解决方案。一般情形下，对方也会跟着改变。如果你觉得对方没有改变，往往是因为你并没有真正放下自己的立场。

如果你已经主动做出了改变，但对方执意不肯改变，那你可以选择离开这段关系。只不过离开时的你，已经不再是原来的你，而是一个有所成长的你，因为你是带着从这段关系中学到的功课走的，而不是一次又一次陷入同样的问题，承受同样的痛苦。

■ 掌 控 力 练 习

回想一下，无论是在职场还是在生活中，你和他人发生的冲突，是不是背后多多少少都有权力斗争的影子？在冲突的背后，你真正的诉求是什么？

你希望和对方建立一种什么样的关系？在这段关系中，你想承担什么责任？你希望他承担什么责任？你有没有清晰地跟他表达过你对彼此的期待？你又做了什么来充分了解对方的诉求？

04
女性的天花板，并不在职场

我婆婆是中国台湾人，知书达理，在美国住了40多年，思想相当平等开放。即便如此，她还是很在意我是不是比她儿子更成功。她曾经很不解地问过我："为什么我儿子智商比你高，学习比你好，可挣钱却没你多呢？"

有一次，我听见婆婆在电话里问我老公："高琳现在是不是小有名气啊？比你有名气吧？别人是不是都叫你'高琳的老公'啊？"

婆婆不爽也就算了，问题是就连我妈也是喜忧参半，常常啰唆我事业上差不多就行了。我很纳闷，从小到大不是你要我好好学习，找一个好工作，嫁一个好老公吗？不是你说要独立，尤其是要经济独立吗？我每一样都照你说的做了，怎么到头来你却嫌我做得太过了？

收入比老公多怎么办？

我妈的担心并不是完全多余的。2010年美国康奈尔大学的一份研究报告指出："在美国有18岁以下孩子的家庭中，女性承担家里主要经济来源的占四分之一（自20世纪60年代以来翻了4倍）。在18—28岁结婚或同居超过1年的伴侣中，那些完全依赖于女性收入的男性比那些收入水平相对持平的伴侣出轨概率要高5倍。当女性的收入是男性收入的3/4的时候，伴侣关系中的男性最不容易出轨。但对女性来讲，结果正好相反，她们越依赖于男性的收入就越不容易出轨。"

这组数据的信息量很大，背后的潜台词更多。

首先，我没想到有那么多家庭女性挣钱比男性多。

其次，依赖女性收入的男性容易出轨这个好理解，洞穴时期男人的狩猎本能进化到今天就是骨子里的"英雄救美"情结。突然美人自己变英雄了，非但不用你来救，还反过来救你了，自然会有失落感。

最后一点最夸张。难道作为职业女性，我得天天盯着自己和老公的工资单，一旦要逾越那3/4的平衡点，就赶紧"悬崖勒马"吗？照这么说，女性的职场天花板并不在职场，而在老公？

这看似可笑的想法是有依据的。在另一个调查研究中，美国经济学家发现，当妻子有更高的学历和更好的事业发展前途的时候，她们更有可能不工作，因为她们担心这样可能会损害婚姻关系。

《当她挣得更多》（*When She Makes More*）这本书的作者法努什·塔拉比（Farnoosh Torabi）指出，研究发现，女性挣得多并不代表家务活就会干得少，很多时候正好相反，因为女性通常会因为挣得多而感到内疚，反而补偿性地多干家务活以营造一副贤妻良母的样子。

尽管我们的社会看起来越来越开放，男女之间越来越平等，也有越来越多男性支持自己另一半的事业，但很多时候，这份支持背后有一句潜台词——你可以很成功，只要不比我更成功。

说好的一起成长呢？为什么大家都这么在意女性挣钱比男性多呢？

你不在意，他在意；他不在意，他妈妈在意；他妈妈不在意，你妈妈在意……大家都在意，却集体保持沉默。

大环境我们很难改变，原生家庭也无法选择，但我们可以决定自己的小环境。从某种程度上来说，选择人生伴侣，就是在选择自己未来的成长环境和职场天花板。

好的亲密关系，只有一条衡量标准

我曾经问过我老公："如果你拥有魔法，可以让我改掉一个毛病，你会想要我改什么？"

他连想都没想就说："什么也不改，你要改了就不是你了。"

这就是我理想伴侣的模样。他爱的是我现在的样子，而不是他心目中我应该的样子；他让我觉得自己已经足够好，值得拥有爱情，值得拥有成功；跟他在一起，我最舒服、自在，活得也酣畅淋漓。

所以，我一直鼓励年轻女性，不要一时恋爱脑上头选择那些你感觉好的男人，而是要选择能让你感觉自己更好的男人。这并不代表你就不会变得更好了，正相反，嫁给这样的人，你才会变得更好，不是因为你想让他更爱你或者能配得上他，而是因为你想要变得更好才配得上自己这一生。

每个人都在说要做一个更好的自己，但从来没人告诉你，只有认为自己足够好的人，才会想要做更好的自己，总是感觉"我不够好"并不会激励你变得更好。所以，好的亲密关系只有一条衡量标准，那就是：你们是否让彼此变得更好了。

我在高校和大学生沟通的时候，经常跟台下的女同学说："你们可以不结婚，但是如果结婚就要意识到，你嫁的不是老公，你嫁的有可能是你未来职业发展的天花板。"

每次都有同学小心地问："那怎么才能知道他会不会成为我未来的天花板呢？"很简单，察其言，观其行，实在不行就问。

当然，你不能问："嘿，你将来会不会是我的天花板啊？"也不要说："嗯，如果有一天我比你成功怎么办？"因为成功不够具象。要轻松且冷不丁地问他："亲爱的，如果有一天，我赚钱比你多怎么办？""假设有一天咱们都被公司要求出差参加一个重要会议，可家里有孩子要照顾，怎么办？""如果哪天公司要提拔我但是需要派我到另外一个城市去工作，怎么办？"

看看他怎么反应，是嗤之以鼻，还是置若罔闻？是仰天大笑，还是陷入沉思？他的反应说明了一切。

在决定正式进入婚姻之前，跟你的伴侣开诚布公地就彼此对未来生活的规划，比如在哪儿生活、要不要孩子、要几个孩子等看似琐碎的问题好好聊聊，尽量达成共识，这会为日后减少很多冲突的隐患。

我在同我老公结婚前就非常认真地跟他说："我以后可是要回国工作和生活的。"在那之前他从来没有来过北京，但他还是答应了。

有些男人信誓旦旦要带你看无限风光，而有些男人却给你无限选择。

选择才是人生最贵的奢侈品。

走过三个阶段，看清婚姻的真相

有一次和几个闺密聚会，其中一个说："天天看你在朋友圈撒狗粮，你和你老公好得简直是 too good to be true（好得也太假了）！"

朋友圈是卖家秀，生活是买家秀。每段婚姻都是驴粪蛋外面光，不过在熬过三个"七年之痒"之后，我逐渐意识到，其实我们要追求的并非一段完美的婚姻，而是两个不完美的人在婚姻中变得更真实、更美好。

在我看来，最好的修行不是在庙里，而是在人间。婚姻，不过是两个人彼此照见、共同修炼的地方。这场修炼至少要经历三个阶段：面对残酷的真相，看到真实的自我，认清婚姻的实相。

第一阶段：梦幻破灭，原来他是这样的他

24 岁那年，我去美国念 MBA，开学典礼那天我走进黑压压的大礼堂，一进门就发现自己穿错衣服了。所有的人都西装革履，只有我穿着一身白色短袖连衣裙。没办法，只好硬着头皮往里走，索性走到第一排一屁股坐下。

过了一会儿，一个男生走过来问我："Is there anyone sitting next to you？"（有人坐在你旁边吗？）

我抬头看了一眼，他长得还算端正。他伸出手笑着说："My name is Hubert."（我的名字是Hubert。）他笑得真阳光，眼神特别干净。

毕业典礼的第二天，我们结婚了。

那时候，我觉得他人长得帅，阳光又聪明，善良又可靠，然而结婚以后我却慢慢地发现原来他竟然是这样一个他！

《亲密关系》中认为，刚认识的时候，你对他的了解仅仅是掠过水面，彼此熟悉之后就开始浸入水里越潜越深，也就越能看透他的面具和外在形象而发现真正的他。然而，当你们都深潜入对方的领域时，就会发现真正的你和他也许并不怎么迷人。

首先是他懒得出奇。有一次我出差，匆匆出门之前把一双鞋放在了楼梯上，等我回家以后惊讶地发现那双鞋还在楼梯的同一个位置。10天来，他每天上下楼都要跨过这双鞋，但就是懒得把它们收起来。

干家务算是能力问题，还有价值观问题。我算是很会过日子的人，但自从认识了Hubert，才知道一个人可以"抠门"到什么程度。他去快餐店买汉堡，会运用他那聪明的大脑迅速计算买什么样的套餐单价最低。你相信吗，我的婚纱是花10美元在手工品店买了一块白纱和一盒塑料珠子，一点一点拿胶水粘上的！

这些都是小事，再说说人生观。我是那种有着强烈竞争意识和危机感，追求效率，连看个电视都有着深深罪恶感的人。而

Hubert 则是一个非常佛系的人，说好听了就是"淡定"，说不好听了就是"不思进取"。反映在生活中就是两人的步调不一致，在工作中就是方向不一致。

相信很多人结婚后都会有这种"被骗"的感觉：原来他是这样的?!

《亲密关系》中还有一段非常扎心的话，意思是我们开始一段亲密关系的根本原因，是我们误以为对方拥有我们所需要的东西。如果发现对方并不能给我们提供想要的东西，自然而然就失望了。

然而，你真的知道自己到底要什么吗？还是在满足父母和他人的期待？

第二阶段：认清自我，原来我是这样的我

我结婚的时候并不知道自己想要成为什么样的人，对婚姻意味着什么更是模模糊糊的，觉得反正别人都结婚，我也得结婚。指望两个年轻人在一开始就把这些问题想明白是不现实的。每一个关系瓶颈期其实都是两个人自我探索的好时机，问问自己："我究竟想要什么样的生活，想成为什么样的人？彼此还是同路人吗？"

25 岁刚结婚的时候，我也不知道自己要什么。但是慢慢地我意识到，我才不愿意做成功男人背后的女人，我更愿意做聚光灯下的那个人，所以我需要的并不是一棵可以靠着的树，而是一盏能照亮我的灯。

我老公就是这样的灯。他的无条件接纳让我有勇气真实地面对自己，让我看到有竞争意识、什么都爱赢并不一定就是好事，很多时候也是缺乏安全感的一种表现——担心不上进就考不上大学，不上进就会被社会淘汰。而他并不是没有上进心，只是没有我那么多由恐惧驱动的上进心。

在亲密关系中，每次冲突都是了解对方、了解自己的好机会。我慢慢意识到，在这段婚姻里，我需要的不是一个更上进的人，而是一个能够真正接纳我的人——接纳我的坏脾气和我对上进的执着，支持我的人。

一个缺乏自我认知的人，无论在什么关系里都不可能幸福，情场、职场皆如此。

第三阶段：原来婚姻是这样的婚姻

看清了对方，也看明白了自己，那婚姻到底又是什么呢？

在我看来，爱情是创业点子，婚姻更像是创业公司，两个人就是这家公司的合伙人。点子谁都能想出一二三个，公司要开得长远并不容易。不可否认，对大多数普通家庭来讲，婚姻首先是一个经济共同体。每个入股的合伙人都需要带资源进来。有的是技术入股，有的是资金入股。

婚姻，作为一段合伙关系，也是家庭成员的资源重组。所以，你得问问自己："我拿什么来入股？"

拿姿色入股？抱歉，这个的投资价值是随时间递减的。拿感情入股？这个变数更大。只有彼此为双方、为家庭创造的价值才是实打实的股份。

但怎么衡量这个价值呢？生儿育女、为家庭操劳当然算，而且价值巨大，但这部分价值的估值由谁来决定呢？在社会没有健全的法律制度来保护这部分价值的情况下，决定权就在伴侣手里——伴侣买账，认为它有价值，那你就有价值。

但现实生活中，多少丈夫回家都会这样说：

"我在外面忙了一天，你看看你！连收拾屋子这么简单的事都做不好！可真没用啊！"

"我每天好辛苦啊，赚钱养着这个家，多不容易！"

"你每天在家收拾一下屋子、带带孩子，真幸福啊！"

…………

当你自己没有足够强大的能力，社会也没有完善的法律及社会体系去保障时，你唯一依靠的就是双方在彼此分工上达成的共识，还有你丈夫的良心。

20岁前，如果你觉得那个男人只要爱你，就会一辈子甘愿挣钱给你花，那叫"天真烂漫"。

20岁后，如果你还这么以为，那叫"挑战人性"。

我没有勇气挑战人性，所以选择多挑战挑战自己，多长点本事。我希望你也如此。就算是因为生育、家庭选择离开职场，也只是意味着你离开了职场这个学习的场景，不代表就应该放弃成长。

因为婚姻本身就是一个成长共同体，包括内在精神上的成长和外在技能上的成长。两个合伙人无论背景多么接近，起点和成长步调也不可能完全一致，所以势必会陷入一方比另一方领先的状态。这就有可能出现矛盾。

就好比两人说好了一起去爬山，结果一个人老是走在后面，另一个人可能就不干了，这时候，就得确认一下，你们俩想要爬的还是一个山头吗？如果你想爬珠穆朗玛峰，他想爬香山，那还是趁早分道扬镳吧。如果确认想要爬的是一个山头，那谁爬得快点慢点又有什么可争的呢？你是把谁最快到山顶作为人生目标，还是把登山的过程本身当作目标呢？

当然，除了一起成长，婚姻还需要相互陪伴。再忙也抽时间一起看个电影、吃顿饭，享受生活中琐碎的幸福。人生就是由无数的第一次和最后一次组成的，第一次买房的兴奋、第一次为人父母的紧张、最后一次送孩子上学的失落……所谓夫妻，就是和你一起分享这些时刻的人。

在看清彼此的真相，认清婚姻的实相之后，依旧爱得腻腻歪歪，依然活得热气腾腾。这大概就是我走过25年婚姻的秘诀吧。

当然，想要让这个创业公司活下来，活得好，还要有一些共同信守的原则。

在婚姻里成就彼此的四个原则

1.相信平等，看到并尊重彼此的付出

我在美国MBA毕业的时候，是先找到工作才毕业结的婚。对我来讲这个顺序很重要，因为它证明我不一定要靠嫁给Hubert才能拿到绿卡和找到工作。这让我们的婚姻从一开始就奠定了平等互利的基础，也才有可能实现后面的合作共赢。而如果任何一方觉得自己是下嫁或者高攀，都会为日后的矛盾埋下伏笔。

在西方的婚礼上，神父会问在场的嘉宾："如果任何人，有任何理由反对这桩婚姻，请现在说出来……"这并不仅仅是一种形式，结婚前那些看似微不足道可以忽略的裂痕，随着时间的拉扯和岁月的动荡会越来越被放大。

只有彼此势均力敌，才能够在动荡的关系中相互制衡而不是某一方一再退让。这种势均力敌和家世背景、谁挣得多无关，是心理关系上的势均力敌。说到底，就是你是否自信，你是否相信你们彼此之间的关系是平等的。

这种平等其实是一种感觉，和事实无关。

盖茨基金会的梅琳达曾经也是一个自带光环的学霸，婚后她回归家庭，成了一个妈妈和一个繁忙的男人的妻子。全心在家照顾孩子的梅琳达，渐渐意识到自己的生活完全被各种家务占据，自己正在与外界脱轨。

在她的书《女性的时刻》中，梅琳达说她搬进了一座巨大的豪宅，但她担心别人会看不起她，因为这个豪宅并不是她的。她想要努力追赶上丈夫，让他们的关系保持平等。

不平等关系的一大标志，就是一方包揽所有重要、有趣的工作，强迫另一方承担那些没有技术含量的琐事。

于是她打算尝试改变现状，然而每次和丈夫一块出席宴会，只听比尔说得头头是道，几乎没有自己说话的机会，而且常被丈夫打断。梅琳达不甘心一直做沉默的女人。她告诉比尔："你不能打断我，或者你觉得我说错了什么，不要纠正我，因为所有人都自然地认为你是这个世界上最聪明的人。"

后来，比尔将由自己一人命名的慈善基金会改名为"比尔及梅琳达·盖茨基金会"，即使后来离婚，两个人也继续作为平等的合作伙伴共同经营基金会。

在婚姻中，无论两个人在外面的金钱、能力、地位上的差距如何，在家里要有一个平等的基础，才能看到并尊重彼此的付出。

2.相信沟通，学会表达

我和 Hubert 在写《故事力》的时候，鉴于我已经写过一本书，我好心好意地跟他说："这次把你放主创！"

他很不爽地说："什么叫把我放主创啊？本来就是我的创意啊！"意识到自己说错了话，我赶紧往回找补。他悠悠地甩给我一句："我就是不喜欢你有时候说话盛气凌人的样子。"

这么多年，我们的每一个小问题都在每一次吵架中得到了表达和宣泄，也在每一次反馈和反思后做出了微调，所以我们俩虽然也吵架，但吵不出来大问题。

改变对谁来讲都是很难的，但微调就相对容易了。而很多夫妻习惯把自己的不满放在心里酝酿、发酵，埋着埋着，心里就变成了垃圾场，一旦爆发就变得不可收拾。

相信沟通，学会表达自己想要的和不想要的。

3.给彼此空间，距离产生美

经常有人问我："高琳老师，怎么才能改变对方？"

这句话的潜台词是，如果他是这样一个他，难道就这么接受了吗？不甘心怎么办？就好像我以前也总是喜欢建议 Hubert 去上这课那课，期望他能和我一样"上进"。结果可想而知。

通往地狱之路，是用期望铺成的。

学习教练以后，我终于明白为什么试图改变对方很少有效，因为你的期望让对方感到他是错的，是有问题的，所以你才想要改变他。而真正的改变一定是由内而发的。这就需要给对方足够的空间和时间去探索自我。

有了这个空间和时间才能让双方有机会自我探索，各自成为更好的自己，做到加起来100%。

有段时间我明显地感觉到Hubert不开心，在很多次活动上，他要么说话不阴不阳的，要么就自己坐在一个角落郁郁寡欢。

我知道他为什么不开心，但我不再像以前那样想要扑上去给他各种建议，试图帮他解决问题。我报了一个为期10天的教练大师课，然后告诉他，如果他想去，他可以去，他不想去，我去，不强求。

他半推半就地去了，结果喜欢得不得了，从那儿回来之后，他更明确自己的方向，也更有信心了。

所以你看，给对方空间才能为改变创造空间。就好像两个人在一个狭小的空间，如果你总是气鼓鼓地占着很大的地方，把对方挤到墙角，他连喘息和思考的空间都没有，又何谈改变呢？

婚姻，是两个人能量上的一种连接。你身边的夫妻关系好不好，你跟他们在一起5分钟就能感受到。这种能量上的连接并不是绑得越紧，关系就越紧密。有的时候收得越紧，能量流失得反而越快。而越是松一点，越是不经意，越能让能量有流动的空间。我和Hubert每天白天在一起工作，晚上回家还要在一起，看起来好像天天腻歪在一起，但其实我们各有各的朋友圈，各有各的消遣。他每周三雷打不动地去参加他的头马演讲俱乐部，每天晚上和儿子打我看不懂的电子游戏。

我喜欢那种在一起的温暖，但更珍惜彼此的距离。有空间，才有探索；有探索，才有改变。

他在他的世界里做他的英雄，我在我的世界里做我的女神。分开各有各的精彩，合在一起才能天下无双。

4.爱自己，你好了，别人才会好

说了这么多，还没提"爱情"两个字。很多人认为"爱情"是比"喜欢"更高级、更浓烈的一种情感，我年轻的时候也是如此认为的，但我现在觉得"喜欢"对方是一种更朴素、更真实的情感。

27岁，我们两个穷学生刚毕业2年，贷款买了第一栋房子。没钱装修，就去宜家买来地板自己装。我就是喜欢看他那副生无可恋还要给我干活的样子。

32岁，有一天我跟他说："我想回北京工作两年。"他心想反正就两年，于是很爽快地答应了，却不知道"两"在北京话里是个虚词，这一回就是18年。我就是喜欢他那傻乎乎和不算计，我说什么就是什么的劲。

47岁，他出差的时候兴奋地发微信给我说酒店的马桶坐垫是热的，他在上面坐了10分钟。我就是喜欢他那份和年龄不符的简单和容易满足。

我经常会盯着他想，当大多数人都必须在好看的皮囊和有趣的灵魂之间二选一的时候，我可以不用做这样的选择，多幸运！

跟爱情相比，两口子之间如果能一辈子喜欢对方就已经很了不起。

胡因梦在一次采访中讲到，我们所执着的爱情，其实不一定有爱的成分。我深以为然，与其相信爱情，不如相信爱。

爱情是占有，爱是包容；爱情是任性，爱是克制。爱是每天早上他给我做的咖啡；爱是吵完架我先伸出手来示好；爱是开车走错了路彼此不埋怨；爱是儿子出车祸时，电话那头他镇静的声音……

其实，我们所执着的爱情，不过是一场自恋。但与其透过对方的眼神看到自己的价值，不如告诉自己你很值得拥有爱；与其期待着那并不永恒的恩宠，不如爱自己每一天。

我始终认为人这一生，无论是否走进婚姻，归根到底还是自己和自己的旅程，没别人什么事。而且，我认为爱情是爱情，婚姻是婚姻。婚姻并不适合所有人。只有不结婚自己也可以过得很好的人，才适合走进婚姻。因为他们既能从伴侣那儿得到滋养，又有能力滋养自己。

所有的亲密关系、亲子关系不过都是自己和自己的关系的一种体现而已。伴侣也好，孩子也好，都是来陪你一起修行的。

婚姻，不过就是我们修行的道场。当你已经努力了，也试图改变了自己能改变的之后，发现这段关系已经不再能让你获得成长，反而是一种消耗，甚至不断地受到伤害，那就选择离开好了。只不过在这个过程中，你所有的选择都要基于"爱自己"的原则。

就像梅琳达在她的书中引用的一句话："被不爱我们的人了解令人不寒而栗。被不了解我们的人爱无法带来改变。但被人深刻地了解与热爱，能让我们脱胎换骨。"

也许她最终选择离开，是为了在余生追求这种"脱胎换骨"般的成长，我赞叹这份重新开始的勇气。这不也是在打破"职场天花板"吗？

■ 掌控力练习

你最理想的亲密关系是什么样的？那样的亲密关系会给你的工作和生活带来什么？为此，你愿意做出怎样的改变？

05

用教练式思维，建立有松弛感的亲子关系

> 你是弓，儿女是从你那里射出的箭。
>
> ——纪伯伦（Khalil Gibran）

我做高管教练这么多年有一个发现：那些无论换多少份工作，总是搞不好和老板关系的人，通常都是和父母关系没捋顺的人。

比如我曾经有一个客户，她非常能干，年纪轻轻，刚从国外硕士毕业回来就在一家快消公司做副总经理。但她觉得总经理是个"谎话精"，对她当面一套背后又一套，为此她非常苦恼、愤怒。

有一次，她在跟我的教练过程中说到了她父亲，我发现她同样用了"谎话精"这个词，就很好奇地问她为什么这么说。这下她才意识到她父亲，以及他们的父女关系是如何投射在她和总经理的关系上的。

我经常觉得，作为教练，我们干的活就是"拔钉子"，把深植于客户的限制性信念帮他拔出来，而这些"钉子"有相当一部分来自父母——他们曾经对孩子做过的事、说过的话和植入的观念。

父母做得越多、说得越多、管得越多，孩子身上的"钉子"就越多。

但换到父母的立场，难道就什么都不管吗？当然不可能，也不应该，只不过需要有所为，有所不为，而这是为人父母最难的，也是最需要智慧的。

那到底什么地方该"为"，什么地方不该"为"？为什么很多家长在教育孩子上都"为"错了地方呢？我认为这多少和我们的教育系统分不开。

面向未来做减法

现代教育系统起源于 20 世纪工业社会，工业社会的管理者认为：

绩效 = 知识 + 技能

按照这个说法，学到的知识越多，掌握的技能越多，就越成功。但是今天为什么那么多大学生进了大学却成了没有激情的"空心人"？为什么我们培养了那么多学霸，最后他们却成了精致的利己主义者？为什么我们学了那么多却还是过不好这一生？

因为我们早已经进入了乌卡（VUCA）时代，也就是不稳定（Volatile）、不确定（Uncertain）、复杂（Complex）和模糊

（Ambiguous）的时代。我们的孩子根本没办法拿过去的知识应对未来的挑战，他们必须成为终身学习者，才能在未来进入职场之后，当面临复杂问题和形形色色的人的时候，能够见招拆招。而这对一个人的学习能力、解决问题能力、独立思考和表达能力的要求越来越高。

所以今天越来越多的企业管理者相信：

绩效 = 潜力 – 干扰

这背后有几个教练的基本原理：

1.每个人都是有潜力的，也都是富有资源的。

2.每个人在当下都是他能做到的最好的。

3.每个人都愿意成为更好的自己。

想想看，没有一个员工每天来上班想的就是"我倒想看看今天怎么才能做一个更烂的自己"，也没有一个孩子明知自己可以做得更好就偏偏不做好。他们要么还没有找到方法，要么没有勇气做出改变，还要面对各种"心魔"的干扰。我们自己又何尝不是如此？

一个教练式领导懂得如何激发员工的潜力，帮助他们排除干扰，从而实现积极正向的改变，最终提升绩效。

一个教练式父母也一样，只不过很多父母认为送孩子去各种兴趣班就算是开发孩子的潜力了，省吃俭用送孩子出国就算是见世面了，却没有意识到"潜力"到底是从哪儿来的，而真正见过世面的孩子又是怎样的，结果一不小心把自己活成了孩子最大的"干扰"。

接受他的普通，相信他不平庸

有一项调查显示，90%的父母都认为自己孩子的长相高于平均值。这在心理学上被称为"积极幻想"。

的确，初为人母的女性都有一种幻觉，觉得自己家孩子跟别人家的都不一样。虽然自己很普通，但是孩子一定有个不一样的人生，所以，拼命地送孩子去各种兴趣班，生怕他们的天赋异禀被自己耽误了。

我也不能免俗。但随着孩子一天天长大，我发现儿子越来越像我了，无论是身高、体重，还是智商、性格，甚至走路的样子都惊人地像。

即便这样，我还是笃定地相信，我的孩子不一般。他还小，现在还看不出来，说不定以后就慢慢看出来他的不一般了。结果呢？钢琴放弃了，游泳也没坚持，等他到了15岁，我才终于开始接受，他就是一个平凡的孩子，并没有什么过人的天赋。

有一次，我参加一位脑神经科学家洪兰教授关于潜力开发的课程，在课上我问老师："为什么我儿子还不开窍？"

老师反问："你大概是什么时候开窍的？"

我愣了一下，说："大概18岁吧。"

老师说："那你儿子也差不多是这时候。"

我的天，那种感觉就像上次买彩票没中，这次又买了一张，还没中！我的沮丧和懊悔自然而然地演变成对儿子的唠叨，这让他很烦。有一次，他在一个夏令营的结业演讲中讲道："我想跟在座的父母说：'你的孩子并不是你的勋章，不要总把自己的期望放在他们身上。'"

等他从台上下来，一个美国妈妈走过来拍着他的肩膀说："你讲得很好，但是相信我，等你有了孩子就会理解，孩子就是你的勋章！"

看来天下父母都一样，什么"海淀妈妈""顺义妈妈"，都一样！我们总是自然而然地把孩子的成就和自己的成就画等号：他好，我就是个好妈妈；他不好，我就是个失败的妈妈。

但问题是什么叫"好"呢？做了这么多年的父母和教练，我现在认为，在今天的社会，一个孩子能够长成一个身体健康、心理健康的成年人而非巨婴，我们作为父母就已经及格了。

硅谷知名公司奈飞（Netflix）以超高薪著称，他们的企业文化第一准则就是："我们只招成年人。"因为只有成年人才会为自己负责。

什么是成年人？代际领导力专家，《轻有力》的作者 Leo 叔叔认为，我们最不缺的是拿着高学历的巨婴，最缺的是有一技之长的成年人。成年人要具备这四个特点：

· 有独立思考能力

· 能做出自主选择

· 为自己选择责任

· 顾及他人的感受

作为父母，不要总是惦记着望子成龙，能望子成人就已经很好了。如果连"成人"都做不到，那"成龙"的意义又是什么呢？

天才当然有，但绝大部分孩子都是平凡但富有潜力的普通人。平凡不意味着平庸，我们的任务就是激发孩子的潜能，让他活出属于自己的灿烂。

怎么做呢？鼓励孩子参加各种兴趣班，帮他从不同渠道去探索自己的兴趣爱好当然是好的。但是当你把他安排得像流水线上的工人，从一项任务到另一项任务，不断地打乱孩子的节奏，这就构成了"干扰"。

再想想我们是怎么成为成年人的，无一例外不是从失败和痛苦中获得的。就如华尔街基金大佬瑞·达利欧（Ray Dalio）在《原则》中讲到的：

痛苦 + 反思 = 进步

只不过，作为父母，你舍得让孩子受苦吗？当他失败的时候，他是否有一个安全的空间可以反思？

如果可以让你的孩子永远不遭受痛苦，你愿意吗？

"如果可以让你的孩子智商提高一些，你愿意吗？"

这是我儿子九年级的时候，我和他参加一位哈佛伦理学教授在北京的讲座时教授提出来的问题。那天，台下坐的都是传说中的"顺义妈妈"，台上则是被选上来参加辩论的几位学生。

我毫不犹豫地举起了手。嘿！如果能让我那"学渣"儿子的数学成绩提升几分，光是想想都开心。

"如果可以让你的孩子永远不遭受痛苦，你愿意吗？"又高又帅的教授不动声色地接着问。

我环顾了一下四周，发现这次只有远处一位妈妈举起了手。我儿子倒是在台上高高地举起了手发言。他站起来振振有词："如果你的孩子从小没有遭受过痛苦，不知道怎么处理失败，那等他长大工作了，有一天如果被老板炒鱿鱼，难道要哭着跑回家找妈妈吗？"

我儿子那时候 14 岁，就已经清楚地知道什么是痛苦了。

八年级的时候，他喜欢上了班上一个女生，可惜人家不喜欢他。窦情初开的小孩不知道怎么处理拒绝，他贼心不死，死乞白赖地跟人家表白，结果女生把他告到了学校。辅导员给他做了心理疏导，还下了限制令，不许他再和那个女生接触。这自然让他难以接受，于是各种折腾，搞得鸡飞狗跳。

那段时间，他几乎天天在上课时间被辅导员叫出去，还被勒令去看心理医生，而我和他爸则三天两头被叫到办公室"喝茶"。说来奇怪，我虽然觉得糟心、闹心又烦心，却并不是很紧张，因为我以前也经历过所谓"早恋"，也被老师叫到办公室训过。

哪个少年没有烦恼？正如畅销书《坚毅：释放激情与坚持的力量》里讲到的，孩子的价值感是在克服困难的过程中建立的。

虽然那天举手说想让孩子永远免受痛苦的就只有一位妈妈，但我相信，做父母的没谁想让孩子承受痛苦，都想让他们健健康康、安安全全的。

但是"安全"和"安全感"是两个概念，真正的安全感并不来自绝对的安全，而是来自在困难的环境中找到自己内心力量带来的那种感觉。在教练术语里，我们也管它叫一个人的"核心稳定性"。

孩子小的时候，这种核心稳定性来源于父母。很多研究都说明，良好的父母关系会给孩子带来安全感。孩子虽小但不傻，他们能敏感地感受到父母之间的关系紧张，他们不明白为什么，因此会觉得这是自己的错。

等孩子再大一点，作为父母，无论我们再怎么努力也无法避免孩子会失败、受挫，我们唯一能做的就是让他知道家永远是最安全的地方，爸爸妈妈永远是最值得信任的人。

在他失败受伤之后，张开怀抱把他紧紧抱住，告诉他一切都会好起来的。只有这样，孩子才能找到再次投入这个世界的勇气，并且逐渐建立他自己的核心稳定性，成为内心强大的人。

这就是为什么我们作为父母必须自我成长，因为**孩子是照片，家长才是底片**。我们要先成为内心强大的人，才能养育出内心强大的孩子。

纪伯伦的诗中讲到，父母是"弓"，孩子是我们射出的"箭"。我们要先稳得住，才能让射出去的箭飞得高、飞得远、不偏离方向。

回到哈佛教授提出的那个问题。在我儿子发言之后，旁边一个看起来只有9岁的小男孩站起来慢悠悠地说："人性是复杂的，社会是复杂的，因此我们需要经历痛苦才行。"

坐在下面的我，环顾了一下身边的"顺义妈妈"，心想："怪不得说每一个孩子心里都住着一个智者，也许真正需要提高智慧的是家长。"

如何才能不成为孩子的干扰？

很多家长都希望自己的孩子"乖"一点，但我发现那些小时候很乖的孩子，长大以后心理问题反而会比较多。因为他们的"乖"，不过是取悦成年人而忽略真实自我的乖；他们会把满足他人，尤其是父母的愿望作为影响自己行动的第一顺位因素，并把获得他人的同意、压抑自我的需求作为生活的主导。

经常夸一个孩子"乖"，不是一种夸奖，而是一种驯化。而这种"乖"，会严重影响一个人在成人之后和权威之间的关系。因为在职场上，老板就是权威的代表。孩子如何与权威相处，会影响他一生。

所以，作为家长，我们不要为了图自己省心而强迫孩子成为一个言听计从、没有自己想法的乖孩子，而是要让孩子从小学会表达自己。他们说的不一定都对，但只有让他们觉得自己的声音值得被听见，他们长大后才会更加有主见，知道如何维护自己的权益和边界。

但也有很多处于青春期的孩子的家长会跟我抱怨："问题是我孩子什么都不跟我说啊！"那么，为什么孩子小时候很黏父母，但长大了以后宁愿和朋友倾诉也不愿意跟父母沟通，甚至都不喜欢和父母在一起？因为你把自己在关系中的位置摆错了。

在孩子很小的时候，家是天底下最安全的地方，爸爸妈妈是最好的陪伴者，我们就像守护神一样为孩子提供360度的守护。孩子4岁以前，父母就是他心目中无所不能的神。

等他大一点，爸爸妈妈就让位给了朋友，朋友才是最好的陪伴者。这时候，我们也需要慢慢从神的位置上下来，变成一个领路人，帮助孩子建立好的学习、生活习惯和价值观。

等孩子再大一点，我们就需要再往后退一步，变成陪伴他左右的教练，给一些技术指导，偶尔陪练，但更关键的是关心和鼓励。

等孩子成人了，我们就应该退到他的身后，变成他坚强的后盾。如果这时候孩子还愿意把你当作朋友，找你倾诉，那证明你们的亲子关系经营得真不错。举个例子：通常上了大学的男生很少会主动给父母打电话，除非缺钱了。但我儿子经常会打电话给他远隔重洋的爸爸。

要知道，父母这份工作是有保质期的，等孩子到了青春期，想让他听进父母的话比登天还难。如果我们能尽量延长这份保质期，就意味着我们对孩子的影响继续有效，而一旦这个沟通的通路阻塞甚至断掉了，那无论你跟他说什么，就都等于废话了。

怎么才能保持和孩子的沟通通路不断呢？有几个教练式沟通的原则分享给你：

1.多倾听，少评判

为什么作为父母，我们和孩子那么亲近，有时候却又觉得那么疏远？人与人之间的联结来自什么？

我很喜欢《脆弱的力量》一书中给出的解释。联结来自：

· 当人们觉得自己被关注、倾听和重视时；

· 当人们的付出与收获没有受到任何评判时；

· 当人们从关系中获得支持和力量时。

换句话说，就是当孩子举着他做的手工跑过来给你显摆时，无论在你看来多难看，你都能找到亮点称赞他，或者最起码认可他的努力，联结就产生了。

当孩子考砸了哭丧着脸回来，无论你有多失望，都还能先给孩子一个拥抱，让他感受到你的支持，联结就产生了。

当孩子有一个在你看来根本不可能实现的主意，但你还是平心静气地听他眉飞色舞地说他的主意有多好，联结就产生了。

问题在于，作为父母，我们在生活中积累了那么多经验，对人对事早就有了自己的判断，不带评判地跟孩子相处真的很难。

怎么办？我有一个小窍门。想象一下你的评判就像是你穿在脚上的鞋。你到别人家做客，需要把鞋子脱下来放在门外，但鞋子还是你的，你走的时候还可以再穿上。

我们在跟别人沟通的时候，就是走进别人家的"心房"，如果别人没有邀请你穿着鞋进来，你就要把你的"评判"先留在外面。否则你穿着鞋到处乱踩，那就是在践踏别人的领地。

孩子的内心是属于他的领地，如果父母每次都二话不说闯进去，时间长了，哪个孩子还会让你再进去呢？这样你们的联结就断了。

2.多做好吃的，少说没用的

父母经常会把对子女的关心变成担心，如果想让孩子多跟你沟通，就多做好吃的，少说没用的。如果一定要说，就晚半拍再说。

我儿子刚上大学，我就开始惦记着他在哪儿上研究生、学什么了。我知道自己爱计划的老毛病又犯了，我老公也说，人家才上大一，你能不能让他先适应一下。

于是我一直忍着没说。有一天吃饭的时候，说到什么事，儿子突然提起："我以后还要上研究生呢……"我当时就想，得亏我没说，让子弹飞一会儿是对的。因为无论什么事，只要妈妈爸爸一说，那就成了家长的主意，而他说的，才是他自己的主意。

你剥夺他思考自己人生的机会，他就不会对自己的人生负责。

3.多问问题，少给答案

都说犹太父母特别会教育孩子，但你知道这背后的秘诀吗？那就是犹太父母特别善于提问，他们会把每天晚饭餐桌上的时间用来和孩子一起讨论问题。不是"考试怎么样"这种问询式问题，而是能激发孩子思考的探询式问题。前者是为了获得更多信息，后者是为了创造洞察，从而帮助对方梳理清他自己的思路。

问对问题，才会有好答案。

我的一个亲戚听说我儿子学哲学，担心地问他："你这专业，毕业能找到什么工作？"我儿子一听很不高兴。

我老公的一个美国朋友同样听说我儿子学哲学，就问他："啊，太棒了！毕业后你打算如何用这个专业找到令你满意的工作？"我儿子听了以后陷入了深思。

接着，我老公的朋友分享了他自己也是学哲学的，后来工作以后做了什么。儿子听完得出的结论是：他在专业之外还需要一个能吃饭的技能。

其实，这也是我那个亲戚想要表达的，但他的问题提得非但不招人待见，而且完全不能启发到对方。

那么不好的问题和好问题的区别在哪里呢？我整理了一个表格，希望能帮到你。

不好的问题	举例	好问题	举例
封闭性的	作业做完了没?	开放式	今天的作业感觉如何?
关注事	你考这个成绩排第几名?	关注人	看到这个成绩,你有什么感觉?
代替他思考	你是不是应该对自己要求高一点?	引发对方思考	那你希望达到的目标是什么?
引发负面情绪	要是考不好怎么办?	调动积极情绪	想象一下,如果你考上了,那会是一种什么样的感觉?
原地踏步没有新的视角	那你之前为什么没考好?	带来新的可能性	如果下一次要考得更满意,那你能做什么准备?还有呢?

4.先安顿好情绪,再解决问题

我儿子 14 岁的时候第一次自己一个人坐飞机回西雅图看奶奶,那天我和老公都在外面讲课,不能去送他。当他听说之后,老大不乐意。我心里刚想说:"你不是挺厉害的吗?这有什么犯怵的?这条路线咱们不是已经走过 N 多次了吗?不就是 T 2 进去右转……"但在那一刻,我觉察到了自己的评判,暂停了我的好为人师模式,我问他:"我知道,你是有点害怕,对吗?"他点了点头说:"妈妈,我能从一进机场就跟你视频吗?"我抱了抱他说:"当然可以!"

当你能放下自己的好为人师,放下自己对孩子的评判,深度倾听,这时候你的注意力是完全放在对方身上的,也只有这样才能听到对方说出来和没说出来的情绪、感受、需求。先安顿好情绪，再解决问题，有时候情绪安顿好了，问题也没有了。事实上，那天他到了机场根本没有给我打视频。

总之，在养育孩子的路上，父母真的太不容易了，不但有操不完的心，还有被伤不完的心。因为孩子就是会一次又一次地犯糊涂，一次又一次地想要证明父母是错的。这是他们在这个世界上寻找自我认同的必经之路。

而作为父母，无论孩子迷失得多远，我们都要追上去，赖在他身边，在他痛苦的时候，陪伴他，在他反思的时候，相信他。因为这就是爱，爱是陪伴，爱是信任。相信我们的孩子通过痛苦和反思能够进步，成为平凡但不平庸的成年人。

做一个教练式父母，就是带着严厉的爱，陪伴在孩子身边，和他同在，伴他成长。

先安顿自己，再守护他人

2022 年 8 月，我送儿子去上大学。我们从西雅图出发，开车一路到芝加哥，相当于北京开到西藏的距离。很多朋友说，坐飞机不好吗，为什么要开那么远？

因为这样的送别可以把时间拉得更久，慢慢地放手会让我感觉好一点。世间其他的爱都是以聚合为目的的，只有父母的爱是以分离为目的的。道理我懂，但等到真正分离时还是很难过。

正好他的学校就是我和老公 MBA 的母校，在那里，我们上学第一天认识，毕业第二天结婚，有很多美好的回忆。所以我们在学校逗留了几天，最后一天离开的时候正好是儿子的 18 岁生日。

我们一起吃了个饭，然后开车把他送回了宿舍，我没下车，就在车里跟他挥手再见。夕阳下，透过泪眼，我看着他和新认识的室友有说有笑地走进宿舍楼。

我知道，是时候该放手了，我擦了擦眼泪，跟老公说："走吧。"

回想儿子 3 岁的时候，第一天送他去上幼儿园，他抱着我的腿死活不走，像块狗皮膏药一样，扒都扒不下来。一转眼孩子"嗖"的一下就长大了，离开我的时候，头都不回一下。

要知道，等孩子离开家，留给你的除了回忆，什么都没有。

这样想来，每天为了学习而各种河东狮吼、鸡飞狗跳，既伤透亲子关系，又消耗亲密关系。在这个过程中，自己也一点点失去光泽，不是皮肤的光泽，而是生命的光泽。这样做真的值得吗？

哦，对了，还留了个老公给你。但如果好不容易熬出头，面对的是相看两相厌的人，有意思吗？

所以，在亲密关系里，我们要先安顿好自己，再满足伴侣，最后才是孩子。当你自我感觉足够好，你就会觉得：如果他们好，那很好；如果他们不好，我还要继续好下去。

人生如渡，只有来时的船，没有归去的帆。最后与你风雨同舟的，只有自己。所有人都是过客，伴侣如此，孩子更是如此。

作为女性，我们要时刻谨记：我已经足够好了，我已经足够闪亮了，我不需要靠别人的光环来照亮自己——这个"别人"，既包括老公，也包括孩子。

被爱给你力量，去爱给你勇气。只有先成为自己的守护神，才能守护生命中的其他人。

愿你找到爱自己的勇气，愿我们的孩子能从我们的爱中汲取力量，爱人，爱己，爱世界。

■ 掌控力练习

1.你希望你的孩子长大成为一个什么样的人？为什么？

2.你觉得自己要做出什么改变才能支持你的孩子成为那样的人？

06
职业第二曲线，什么时候开启都不晚

世界上最残酷的折磨便是强迫人无休止地做一件明显毫无意义的工作。

——大卫·格雷伯（David Graeber）

我经常收到来自学员的关于职业生涯规划的问题：

"我研究生毕业工作 7 年了，现在做第三份工作，但好像很难在工作中找到激情，我不知道自己是不是那种做什么都三分钟热度的人，还是现在的工作确实不适合我？"

"我都 32 岁了，明年计划要小孩，很担心自己到现在都还没有一个明确的职业目标，而且就算是找到了，有了孩子又会打乱所有的计划，感觉进也不是，退又不甘，怎么办？"

"我已经 40 岁了，做的工作说不上喜欢，也说不上不喜欢，反正总得养家糊口。现在孩子稍微大一点了，我想开启一个副业，做点自己喜欢又可以赚点钱补贴家用的事，但又不知道自己适合做什么。"

类似这样的问题太多了，年轻人可能更关心如何定位自己，选准赛道，但又担心自己缺乏阅历。而有一定阅历的人更关心如何通过转行、转型实现再定位，但又怕自己年龄太大了。

这些问题也曾经让我非常困惑，制造了大量精神内耗。而且不像男性，他们只需要关心自己事业发展的时钟就行了，职场女性总是一边看着事业的时钟，一边数着自己的生物钟，最后既不甘心，又力不从心。

就像一位故事力认证课学员跟我分享的：

"不知道自己想要什么，但又好像什么都想要；觉得自己什么都不行，但又不甘心自己怎么不行；一边心里烧着小火苗，一边给自己泼冷水浇灭小火苗；最后什么都没干，先活活自己把自己给卡死了。"

所以，作为职场女性，究竟要怎么规划自己的职业？在今天这种计划赶不上变化的时代，职业规划还有没有意义？

摒弃三段式人生，告别线性发展

我爸爸，从清华毕业后进入了设计院，一干就是一辈子。他最大的梦想就是我也能进同样的设计院。幸亏我不是他那样的学霸，否则就没有你手里的这本书了。

我妈妈，从中学数学老师一路成为叱咤海淀教育界的校长，在55岁正当年的时候就按照国家规定退休了。还没想好自己退休以后要做什么，职业生涯就戛然而止，她经历了相当长的痛苦适应期才找到新的爱好。如今她已经82岁了，还活蹦乱跳的。

上学，工作，退休，这是我们父母一辈典型的人生轨迹。而当人类的预期寿命不断延长，面对百岁人生，我们首先需要摈弃这种传统的三段式人生规划。

很多人总以为退休了，就可以天天睡到自然醒，周游世界，多好啊！但其实工作给人带来的意义感和价值感是写在人类基因里的。并不是工作需要我们，而是我们需要工作。只不过，我们想要做有意义的工作，而不是在无意义的工作中消耗生命。

世界上最残酷的折磨便是强迫人无休止地做一件明显毫无意义的工作。

什么才是有意义的工作？这需要我们终其一生去探索，在不同阶段会有不同的答案。

年轻的时候穷到没心思去思考这个问题，能挣钱养活自己就是意义。等有了一定的积累，开始思考我们每个人从小都被问过的这个问题："你长大以后想要做什么？"但有多少人在年轻的时候知道自己要做什么，而且后来真的做了自己当初想做的职业？

漫画家蔡志忠老师四岁半就知道自己长大一定要成为一个漫画家。但问题是，并不是所有人都是蔡志忠。

斯坦福大学青少年研究中心研究发现，在 12 岁到 26 岁的青少年中，只有 20% 的人知道自己将来想要做什么，而剩下的 80% 并不一定有一个具体的"梦想"。

第一次看到这个数据时，我有一种五雷轰顶的感觉，天哪，我是那 80% 里面的人！我还一直以为自己不知道想干什么是有问题的！现在我逐渐意识到，越强调梦想的重要性，压力反而越大，步子反而越沉重。

你要追求的不是梦想，而是在追求梦想的路上，不断让自己拥有更多的选择。因此，不要总想着憋一个大的，而是要边走边看，低成本试错。

当我们带着百岁人生的预期重新看待自己的职业生涯的时候，就会有一种全新的视角。

首先，我们不能指望"一招鲜"走到底，因为已经没有一做就做一辈子的工作了。我们要做好转型、转行的准备。每个人也不可能只有一种活法才是最"对"的。

其次，在任何时候探索自己的人生第二曲线都不晚。

"第二曲线"这个理论来自著名管理大师查尔斯·汉迪（Charles Handy），最初是用于指导企业在连续性创新达到"增长拐点"之前提前布局它的未来增长点。

有一次，查尔斯在旅行的时候跟一个当地人问路。那个人告诉他，一直往前走，就会看到一个叫戴维的酒吧，在离酒吧还有半里路的地方，往右转，就能到他要去的地方。在指路人走之后，他才回过味来，这个人说的其实一点用都没有——我怎么知道什么时候还有半里路？而当我知道该从哪儿拐的时候，已经错过那个地方了。

这就好像如果有人提前告知你所处的行业在接下来6个月会崩盘，你肯定会马上开始找工作，问题就是你并不会被提前通知，而你知道的时候也已经晚了。

所以企业如果能在"第一曲线"到达巅峰之前，就找到带领企业二次腾飞的"第二曲线"，并且这条新的曲线能在"第一曲线"达到顶点前就开始增长，这样就能弥补创新初期对资源（金钱、时间和精力）的消耗，企业就能获得持续增长。

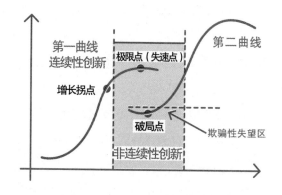

查尔斯·汉迪也把这个理论用在了自己的职业生涯上。他从来不是干不下去了再换工作，而是在一切进展顺利的时候这么做。很多成功的企业家，比如罗振宇、张泉灵等也是这样，他们不是因为在央视混不下去了，才开始转型，而是在事业风生水起的时候就开始思考下一步。

这个理论虽然美好，但实践起来却很难。首先，辨认出这个极限点的能力价值千金。有些人可能刚刚工作两三年就认为自己遇到了职场天花板，其实他们可能仅仅是遇到了一个瓶颈期，也许换个工作，换个老板，就又找到了自己的增长点，进入连续性创新阶段（特点是只要努力，就有回报）。

其次，就像企业在第一曲线越成功，就越难以转换到第二曲线，个人也一样，当你做得很好的时候，很难有动力去寻求转型。而且于大部分中年人来讲，在事业即将到达顶峰的时候，正好是家庭负担最重的时候。上有老，下有小，探索"第二曲线"的时间成本和机会成本都太高了。在这个时候，他们就希望步子能迈得小一点、稳一点。

更何况第一曲线和第二曲线之间存在着鸿沟，这中间你会经历相当长一段"非连续性创新"期。你可能还会进入"欺骗性失望区"——你一直坚持行动，却一直没有得到你想要的结果。只有克服了这段至暗时刻，才有可能走过破局点，进入快速增长阶段。

就好像我，28岁加入摩托罗拉，一开始做IT，一做就是11年，在这期间5次晋升，像坐了火箭一样。但是在2011年的时候，我就感觉好像再怎么做也就那样了。现在回过头来看，那大概就是我的增长拐点，虽然在那之后，我还是有一段高光时刻，但是到了2013年，我开始意识到，必须做出改变，那一年我40岁。

只是从起心动念到真的离开，前前后后又磨叽了两年多，反复纠结。好在我从2011年就已经开始转型的探索，经过4年，大概知道自己想要进入的领域，也在市场上测试了自己的"市值"，所以才在2015年哆哆嗦嗦地迈出了那一步。如今回过头看，我不敢想象当年如果没有纵身一跃会怎样。

在我们漫长的职业生涯中，会有无数个这种需要做出选择的岔路口。每一个选择都会决定你职业发展的走向，没有人能够给你答案，而你要承担所有选择的后果。

这时候最差的选择就是不做选择。当你心里反复纠结的时候，无论做出哪一个选择，哪怕就是选择继续留在原地，都会让你的精力聚焦在如何让你选择的那条路走得更好上，而不做选择则意味着你的精力全都消耗在内心冲突上了。只要有冲突，就有精力的耗费。

所以，在每个职业岔路口，无论是跳槽还是创业，我们要做的是尽量让自己的选择质量更高。如果有一个原则我可以给你，那就是要用"投资思维"来做判断——**把每一份工作都当作你的资产来经营，把每一次选择都当作一个投资决定。**

用投资思维规划职业发展

用投资思维来看待自己的职业发展，就需要遵循投资的原则。

原则1：没有稳定的收益，只有稳定的能力

我在招聘的时候发现很多人，35 岁了，号称有 10 年工作经验，但是一看他的简历，再一面试，就会发现他不过是把 1 年的工作经验重复了 10 遍而已，能力边界跟应届生区别不大，还贵好几倍。也有的人 10 年恨不能换 8 份工作，但你问他最擅长什么，却说不出个所以然来。

对职业规划来说，换不换工作不是重点，重要的是，你是否有一个"绝活"，而且这个"绝活"还必须可复制到其他新的情景中。不能说换个岗位、换个公司或者换个行业，这个"绝活"就完全废了。

要知道，未来，没有稳定的工作，只有稳定的能力，谁都无法逃避不断"用作品证明自己"的残酷现实。这个稳定的能力就是你的"绝活"。

那怎么才知道自己是不是有一个"绝活"呢？很简单，问问自己，如果明天你所在的行业完全消失，你还能做什么？凭什么？那个"凭什么"就是你的"绝活"。

假设明天培训这个行业完全消失，那我可能会去卖房子。因为深度体察客户的需求就是我的"绝活"之一。以前在公司深度体察老板的需求靠的也是这个，现在深度体察被教练者的需求靠的还是这个。

原则2：用复利创造稳定收益，和时间做朋友

打工者的本质是用时间换金钱——以每日8小时的时间投入，换取一份约定的薪水。但是如果你把工作当作一份资产来经营，就会思考如何把你在工作中获得的资源价值最大化。

穷人思维和富人思维最大的区别不是有没有资源，而是会不会利用资源。有限的资源，经由时间的沉淀产生稳定的收益——这就是"复利效应"。它看起来毫不费力，因此极易被人忽略。

很多人都羡慕别人拥有的资源多，但其实持续、稳定的投入，才是资源获得复利的基本保障。爱因斯坦曾宣称复利是"世界第八大奇迹"，是"有史以来最伟大的数学发现"，甚至是"宇宙最强大的力量"。

亚马逊的创始人贝佐斯曾经问巴菲特（Warren E.Buffett）："既然赚钱真像你说的那么简单，长期价值投资永远排在第一位，请问为什么有那么多人赚不到钱？"

巴菲特回答："因为人们不愿意慢慢赚钱。"

是啊，人们总是高估1年的成绩，而低估10年的努力。

我当年去英国念博士的时候，教授说像我们这种非脱产念博士

的，4 年就应该可以毕业。他还说："总共 10 万字的论文，你们只需要每天写 150 个字，就算一半都废了，留 75 个字也行。"

我当时听了嗤之以鼻，等我有了整块的时间，能坐下来静下心来写，那还不是嗖嗖的，哪用得了 4 年？

结果呢？我从来没有找到整块的时间，总想憋个大的出来，却硬生生憋了 7 年才毕业。后来我算了算，老师说的一点都没错，10 万字如果每天写 75 个字，看起来微不足道，但 3 年半就写完了。

这就是持续、稳定的投入产生的力量。

很多人都问我：怎么能做到每 2—3 年就出一本书？其实，除非你是那种靠码字吃饭的职业作家，把自己关在一个房间一个月就能憋出一本书，否则，更现实的选择是像我这样，每周靠写"有意思教练"公众号，不断地积累写作素材，提升写作能力。

这就是时间的零存整取。

你可以在一天中找到一个可以用来稳定持续做输入或者输出的时间——无论是读书、学习、写作，还是强身健体。比如，我发现早上的时间用来锻炼对我来讲是最有保障的，因为只要一进办公室，时间就不是自己的了。而晚上睡前有一个固定的读书时间，哪怕看几页就困了，最起码也能帮助入眠。

原则3：放眼长线，以终为始

贝佐斯在创立亚马逊之前在华尔街做对冲基金，成绩傲人，收入不菲。但他一直想要创业。1994 年，他敏锐地觉察到互联网行业将要爆发的气息。有一天，他跟老板说："老板，我想做件疯狂的事情，我打算开家公司，在网上卖书。"

老板听后，陪他在纽约中央公园逛了两个小时，推心置腹地对他说："你这个打算听起来很靠谱，但这事更适合那些眼下没有一份好工作的人去做。"

老板这么说，让贝佐斯也不知道要怎么决定了。后来他问了自己一个问题："如果我把自己想象成 80 岁的时候，我会遗憾吗？"

这下，他有了答案："我知道，当我 80 岁的时候，我不会后悔参与互联网这个我认定是了不起的事情。哪怕我失败了，我也不会遗憾，而我可能会因为没有尝试而最终后悔不已。"

于是他决定离开华尔街，辞职创业，连年终分红都没拿就走了。这个看似有些冲动的决定，背后藏着一种思考方式，贝佐斯称其为"遗憾最小化框架"。

简单来说就是投资思维中的"放眼长线"——不被眼前的得失干扰，而是以终为始，从长计议。

在贝佐斯看来，"短期的事情会干扰你的判断，只要你把眼光放得更长远些，你就可以做好生命中的重大决定，而不至于日后后悔了"。正是在这种放眼长线的思维下，他带领亚马逊走到今日，做出令人艳羡的成绩。

这种"遗憾最小化框架"也适用于任何人在个人和职业生活中做出重大改变，就好像我当年纠结于是否要从自己的职业第一曲线脱轨，辞职创业的时候，幸好那时候我学了教练，所以就问了自己一个教练问题："如果我现在已经 80 岁了，坐在摇椅上跟孙子讲奶奶这一生最值得骄傲的事，那是什么？"

我想了想，我感到我不会想跟他说："奶奶这辈子最值得骄傲的事就是在一家公司干了快一辈子，在北京有几套房……"

人，不会因为你做过什么而后悔，只会因为没做过什么而后悔。

转型、创业、副业，如何稳步探索？

看到这里，如果你已经热血沸腾，想要开启自己的第二曲线，跃跃欲试想要转型、创业，或者成为自由职业者，且慢！在追求梦想的路上，可千万要带上脑子啊。我建议分三步来做：

第一步：基于现状做可行性分析

1.能力分析

小红书上有很多想要跟我学搞知识副业的粉丝，很多人一上来就问我："想搞副业，从哪儿开始？"我每次都会反问："你有没有一个绝活？"

探索第二职业就像是在泥地里走路，你总得有一只脚死死地扎在地里，才能腾出另一只脚去探索下一步。如果连一样稳定的能力都没有，再去探索其他能力，最终只能是貌似样样精通，其实样样稀松。

2.看看自己的身体条件是否允许，你是否有足够的支持系统

兵马未动，粮草先行。尤其是女性，如果没人帮忙带孩子，父母身体不好还需要照顾，那就需要先搭建起一个围绕自己的支持系统，无论是物质的，还是家庭的、情感的。

3.基于以上判断自己探索第二曲线的形式

最稳妥的探索是转型，比如从 HR 转型做业务，从"码农"转

型做项目经理。如果能够在公司内部实现转型会更稳妥，就好像我当年从做 IT 转型做政府关系。

转型的好处在于有机会拓展你的能力边界，提升你的学习能力，同时看看你的"绝活"到底灵不灵，因为就算是在公司内部转型，也是进入一个新的领域，也需要把自己的"绝活"迁移到新的领域。

最激进的探索莫过于创业。创业九死一生，90% 的人并不适合，做自由职业者也一样。大部分人都以为自由职业者很自由，想干吗就干吗，可以自由地安排自己的时间。但其实，自由职业者本身就是微创业，从获客到交付，一条龙服务。这对一个人的影响力、心力、精力的要求非常高。

要知道，自由并不是想干吗就干吗，而是不想干吗就不干吗。你要有多优秀，才能做到随你挑活，想干就干，不想干就不干啊。

所以对想要创业又没有经验的职场人，我建议先从搞一个副业开始，无论是开个淘宝店，还是做个自媒体。挣不挣钱不要紧，重要的是副业本身会让你看到更多的可能性。最差的结果就是发现自己其实也干不了其他的事，只能干现在的工作。那这也是一个千金难买的收获，起码你收获了一份踏实。

除此之外，这还是一个思维上的升维。

当你是个员工的时候，可能会抱怨老板怎么不给你更多的资源。但是当你自己给自己当老板的时候，你会有一个完全不一样的视角。当你尝试把自己"卖"出去，把有限的资源最大化时，你会发现这些事情都不那么容易，这本身就是一个扩展能力边界的过程。

而且，我们从小到大都被教育"人一定要在对的时间干对的事"。所谓"三十而立，四十不惑，五十知天命"，这些都是社会在定义你，时间在定义你。而当你去尝试做副业的话，其实是你在尝试自己定义自己。你要像一个产品经理一样，学会定义自己、描述自己、跟别人介绍自己。

所以搞副业，重点不是赚钱，最终你的副业能替代主业的可能性也微乎其微。但在这个过程中，知道自己能做什么，不能做什么，能力边界在哪里，还需要提升什么能力，这才是重要的。

用自己对自己的定义，来代替别人对你的定义，这对迷茫的职场人来讲价值千金。

第二步：分析市场可行性

无论你选择转型还是搞副业或创业，如何快速了解一个新领域并且判断自己适不适合呢？

1.扫盲

为了消除初次接触新领域时的陌生感和不安感，建立起最基本的自信心，你可以有针对性地阅读这个领域的图书，或者在网上搜集、了解新领域的"基础概念"，包括一些最基本的专有名词、关键概念以及这个领域的最新动态和领军人物。

2.职业访谈

这可能是最关键的一步。每个领域从外面看和进去看都不一样，你需要找到你身边对这个领域最了解的人，通过访谈进一步了解行业细节。找对人、问对问题，可以达到事半功倍的效果。当然，这也需要平时积累人脉。（在"有意思教练"公众号主页对话框中回复"访谈",即可收到一份职业访谈路径图。)

3.学习是混圈子的最好方法

很多人进入一个新领域的时候喜欢自己找一些资料一直闷头学,但其实学的并不一定是在那个阶段最应该学的东西。

我建议先挑一个成本不是那么高的课程,最好是线下课程,在学习的同时可以和同学建立深度联结,更深入地了解目标圈子。比如,如果你想转型做培训和教练,就可以来上我们相应的课程,你的同学很多就是企业 HR,你可以通过和他们的联结来了解。

第三步:躬身入局,小步迭代

无论是访谈还是学习,都还是在外围围观,最终你还是要自己下去扑棱两下,才知道这个领域的水深不深,适不适合你。

我们有一位故事力认证的老师,她的主业是在一家企业做内训师,讲得也挺好,但都是公司的课程而不是自己的课程。她不知道如果有一天她成为一个独立讲师,市场会不会为她买单,所以就来请教我。

我问她:"你的产品是什么?"

她说:"做培训。"

很多自由职业者经常陷入一个误区,认为做培训、做微商、开民宿就是产品,但这些不过是他做的事情而已,真正做产品需要回答这些问题:

如果你是一名培训师,你的什么课程的受众是谁,解决了他们的什么问题?如果你是一名微商,你卖给谁,他们会为什么买单,解决了他们的什么问题?如果你开了一家民宿,什么人会来你的民宿，你提供了怎样的服务，解决了他们的什么问题？

只有这些问题有了答案，你才能打造出一个"产品"。有了产品，你才有抓手去验证自己的想法是否行得通，是否有市场价值。

所以我建议这位老师先不要纠结辞不辞职的问题，先打造出一门线上的小课，投放到市场上，让客户、消费者来帮她做决定，到底什么课程是他们想听的，她讲得好不好，还需要在哪方面调整，等等。

她听了我的建议就去做了，如今已经是一名每日课单价过万的独立讲师。现在又开始跟我们学习教练认证，开始了新一轮的成长。

像这样成功开启职业第二曲线的人我见过很多，从宝妈到社群运营专家，从注册会计师到艺术家。我也帮助了很多人从企业白领、高管转型到培训师、教练等。在这个过程中，我发现了一些规律。

从第一曲线到第二曲线这个变轨的过程中，中间地带有可能很痛苦。因为这种非连续性创新，投入了很多却见不到回报。这时候能支持你走下去的只有两样：兴趣和使命。

其中，兴趣是通往第二曲线的原点。当你特别喜欢做一件事的时候，哪怕没人给钱，你都愿意做。

所以对中年人，我有一个建议，一定要发展一个稳定的兴趣。尤其是中年男人，这是抵御中年危机，避免油腻最好的武器。一位当年曾和我一起做政府关系的业界大佬，50多岁了，他突然开始学配音，而且配得有模有样，人也变得神清气爽，完全没有一点暮气。

但是做配音能帮他开启职业第二曲线吗？不能，因为兴趣不可能支持一个人持续走下去。就像我当年从企业里出来做培训、自媒体也是兴趣使然，但很多时候，当兴趣变成重复性工作的时候，就没那么有趣了。

这时候就要靠使命。兴趣可以是自娱自乐，而使命，一定要跟别人发生关系，你需要问自己：我能帮助别人什么？

开民宿，你帮别人获得幸福。做培训，你帮别人获得技能。做教练，你帮别人减少焦虑。讲脱口秀，你帮别人获得情绪的释放。

所以说，职场第二曲线始于兴趣，成于使命。没有兴趣，就很难开始；找不到使命，就很难坚持。

如果你现在既没有兴趣也找不到使命，没关系，职场的花期很长很长，什么时候开始都不晚。柳传志40岁才开始摆摊卖电脑；褚时健74岁出狱种褚橙，后成为亿万富翁。我自己也是42岁才开启职业第二曲线的。所以不必慌张，每个人都有属于自己的时区。

探索职业第二曲线是你给自己的交代，不是给别人看的。

如果说上半辈子都是在用命换钱，那么下半辈子，打算怎么使用你的这条命才能让你兴致盎然地度过余生，这才是探索职业第二曲线的意义。

■ 掌控力练习

找一张A4纸和几支彩笔，画出5—10年之后你期望出现的场景。在那个画面中，你在做什么？你穿着什么衣服？在什么地方？谁和你一起？记得，使命一定是和别人有关系的！

07

知行合一，做真实的自己

> 如果你想看看真正痛苦的人，就去看那些明知自己是什么人，却又必须经常违背本性的人吧。

——苏珊·斯科特

我有一个高管客户辛苗，她特别有意思。跟一般外企里的中国人比较含蓄委婉、不敢说不敢言恰恰相反，她敢说敢做，以结果为导向，她带的团队在全球业绩第一，但和总部的关系却是一团糟。

后来我和她的团队做了360度访谈，当时她的法国老板跟我说了这么一句话："好像在她的字典里，没有'老板'这个词。"言外之意就是她从来不把老板放在眼里，瞧把这位法国老绅士挤对成啥样了！

后来我又跟她的同事、下属等七八个人聊了一溜够，大家对她的评价高度一致，用一句话总结就是：又爱又恨。

我问她怎么看待这个访谈的结果，她说：服气又不服气。服气的是，大家说的的确是她平时的表现；不服气的是，正是因为她这种爱谁谁的性格，才让她做出全球第一的销售数据。所以，她并不觉得自己需要改变，要改了就不是自己了。

辛苗的困惑也是很多人的普遍困惑，比如，知道老板喜欢那种八面玲珑、外向张扬的人，但自己偏偏就是一个低调做事、内向的人，如果把自己变成完全不一样的另一个人，会很拧巴。

那么如何才能在"做真实的自己"和"做更好的自己"之间平衡呢？

到底什么才是"真实的自己"？

首先，我们来看一看，"真实的自己"到底是什么？你坚持的到底是哪个自己？

我们每个人每一天都扮演着不同的角色，同一个人在不同角色里的表现也是不尽相同的。比如我：

讲课的时候，我是热情搞笑、能量爆棚、气场全开的高琳老师。

做教练的时候，我是温柔耐心、安静、富有同理心的高琳教练。

在公司，我是有点霸道、缺乏耐心、行动力超强的高琳老板。

回到家，面对不写作业的儿子，我是变身河东狮吼的臭脸妈妈。

那你觉得哪一个我才是真实的我呢？都是。

我们在不同角色下有不同表现并不是"两面派"，而是像戴不同的帽子。出席不同场合，你可能会选择戴上不同的帽子，但不论你戴的是哪一顶，帽子下面的那个人都是真实的自己。

作为员工也好，领导也好，我们都需要不断审视在目前所处的角色情境下，什么样的行为是最有益于个人和团队发展的。但是人都有惯性，当某种工作风格在之前的岗位上被证明有效时，就很容易把之前的风格和自己的性格画上等号，认为这就是我。

就像前面提到的那位高管辛苗，在职业生涯早期，她强大的执行力和说一不二的干劲把她带向成功，于是她给自己贴了这样的标签并且引以为豪。然而，这种风格在一个相对更复杂，需要跨部门、跨地域协同合作的情境下，就需要有所调整和改变。

说到改变，作为教练，我并不会帮别人去改变他的性格，我也改不了，每个人都是"本性难移"的，包括我自己。我会通过教练这个"人"，帮他改变他的"行为"，从而带来不一样的"结果"。

比如我的这位客户，我在教练的过程中帮她看到，她并不是一个仅仅负责销售的领导，而是这个组织的领导，这就需要她去团结不同的部门，包括花时间在她嗤之以鼻的各种会议上，而且她还需要有不同的行为风格——更包容、更耐心。

她还是她，只不过她又多了一个不一样的面相。

钻石为什么那么漂亮？就因为它有不同的刻面。一颗钻石平均有 57 个刻面，这样在光线下才会光芒四射。人也一样，每次打磨出一个新的面相，都是一个痛苦的过程，但很值得。

就好像我前一阵开始做短视频，一开始怎么录都被我们新媒体团队说"端装"——又端又装，不自然。好不容易学会了怎么在镜头前故作轻松，有"聊天感"，又被吐槽我说的内容太高，不落地。

我听了，心里真的是一百个不服气。平时我去企业里上课，客户和学员夸我最多的就是：高琳老师的课程内容接地气，上课没废话。你们还嫌我不落地？

后来，团队帮我拆解了对标账号是怎么做内容的。我一看，这哪儿有干货，不就是一堆片汤话吗？但仔细一想，片汤话说得好，也能提供情绪价值，而干货太干，用户可能不想听，所以我还是得调整。这时候如果非要强调"做自己"，那不过是不愿跳出舒适区、不想改变的挡箭牌。

所以当你说坚持"做自己"的时候，你所坚持的是一成不变的自己，还是在成长变化中的自己？

事实上，在成长中唯一值得坚持的就是自己的价值观，这也是最难的。

认清价值观，不纠结，不拧巴

"价值观"这个词听起来很大，但它其实就是每天起床后支撑我们去做每一件事情的信念，在面对选择的时候，你会根据它选择采取什么样的行动。

就像歌手"猫王"说的："价值观就像指纹，每个人都不一样，但它会在我们做过的每件事上留下痕迹。"

我们都可以说自己有这样那样的价值观，但价值观只能体现在选择中。换句话说，只有在陷入两难境地的时候，价值观才起作用。

没有选择，就没有价值观。

在讲《故事力》课程的时候，我经常会让学员做一个价值观排序的游戏。发一套价值观卡片，每张卡片上面有一个价值观，然后让他们从 40 多张卡片中选出对自己来讲最重要的三个价值观，并且排个序。

中年职场女性的选择通常是：家庭，健康，爱，认可，责任……更年轻的职场女性群体则选择"快乐""自由""自主"的比较多。

而男性，如果是在外企，或者 40 岁以上，通常选择最多的是：健康，家庭，责任……如果是在互联网公司，或者更年轻的男性群体，"成就""财富""荣耀"这些价值观则普遍靠前。

当然，这不过是基于近千名企业学员的一个粗略统计。但其实，选择什么价值观都没有对错，重要的是，你是否真正践行了你的选择。

价值观分为两种："期待价值观"和"践行价值观"。前者是你想要的，后者是你真正在生活中做到的。

当你活出了你认为最重要的价值观时，你也许活得辛苦，但你活得不拧巴。而如果你的言行没有体现你认为真正重要的价值观，就算是坐拥财富或者一切被别人认可的成就，也还是不幸福。

在《关键沟通：如何解决难题，不伤感情》一书中作者写道："如果你想看看真正痛苦的人，就去看那些明知自己是什么人，却又必须经常违背本性的人吧。"

有一次在课上做这个价值观练习，我突然听到教室里有哭声。我顺着哭声走过去，看到一个女学员在那儿哭，边哭边摆弄着手中的卡片说："我什么都没有，就只有责任！"

我静静地看着她，轻声说："如果现在让你在剩下的价值观卡片里任选一张，你会选哪张？"

她扒拉了半天卡片，再一次扑在桌上放声痛哭说："我挑不出来，我什么都没有，我只有责任。"

在那一刻，我很心疼她。因为我特别能理解一个背负"责任"的职场妈妈的内心纠结，我更明白我们是怎么一步步走到今天的。

从小我们的父母、老师以及社会就用条条框框的标准教育我们，怎样才算是一位"合格"的好女孩。好不容易慢慢在社会中立足，并且开始思考自己到底想要什么，又被催婚、催生，之后又被"为人之母"的角色所桎梏。

在电影《82年生的金智英》中，主人公金智英就是这样把自己全部奉献给家庭、孩子甚至婆家的，最后发现自己空空的，好像被一面无形的墙困着，找不到幸福。

我清楚地记得，自己第一次做这个练习的时候，最后剩下的五张卡片分别是：爱，家庭，健康，自由，智慧。

在我思考再三，决定把"家庭"那张卡片拿出去的时候，我听到脑子里有一个小声音说："一个女人，怎么能不要家庭呢？这要让别人知道，会怎么想你？"

后来我发现，每当课堂上有女性选择类似"成就""自主"作为最重要的价值观时，别人经常会发出"哇哦""这选择有点意思啊"的声音，好像做出这样的选择很另类。

然而，男性就一定能做出忠于自己价值观的选择吗？

如果男性学员选择"家庭"作为排名第一的价值观，教室里偶尔也会出现起哄的声音："哟，居家男人啊。"

一个社会如果压抑女性的选择，那一定也同时在剥夺男性的选择。

当我们的选择被限制时，势必会过得越来越拧巴，活得越来越将就，当然会有力不从心的感觉。想要摆脱这种纠结，就需要先学会和真实的自己对话。

回到课堂上的那位女士，当她再一次趴在桌上痛哭，无法做出选择的时候，我没走开，而是静静地站在她的身边，等她平静了之后，我鼓励她再选一次。

这一次，她在桌上的卡片中挑出了一张"自主"。她说："我希望我的两个女儿能拥有这个价值观。"我轻轻地拍了拍她的后背说："其实，这就是你内心渴望拥有的。"

和真实的自己对话

学会和真实的自己对话，一个非常简单的检验标准就是，你能否讲出你践行这个价值观的故事。

有一次，我在一家制造业企业做这个练习，一位负责生产的经理选的是"自由"。我让他上来讲一个体现"自由"对他来讲很重要的故事。他说："每天早上，我天不亮就坐上班车，在班车上我看着太阳一点点从天边升起，淡淡的红色慢慢变成橙黄色，等到了单位，天就全亮了。每天晚上，我又坐上班车，看着太阳一点点落下去，等到家了天都黑了……"

他说完，下面的人鸦雀无声，紧接着大家都说："这听起来更像是你没自由，想要自由啊？"显然，"自由"不过是他期待的价值观而已。

另外有一次，我在一家药企做这个练习。一个女学员排名第一的价值观是"理智"。大家都觉得很有意思，就让她讲讲证明自己践行这个价值观的故事。她说："我生孩子的时候，从进医院到生，活活折腾了 72 小时，精疲力竭。他们推我回病房的时候，一个护士抱着我儿子过来让我先喂一口奶再走。我问护士：'我现在要是不喂，孩子会死吗？'护士说：'不会。'我说：'那让我先睡会儿吧，我累死了。'"

她说完，我们都笑趴下了。大多数新妈妈都会被母爱淹没，她竟然还能问出这么理智的问题，也是没谁了，这证明她真的是在践行自己的价值观。我后来好奇地问了她一嘴，她是做什么工作的。她说："质量管理。"这和她的价值观还真是绝配。

所以你看，幸福取决于"我是什么人"与"我过着怎样的生活"这两者相一致的程度，当它们不一致的时候就会产生内耗。而要做到知行合一，就需要你在做选择的时候学会真实地面对自己，和自己对话：

如果我不喜欢当前的现状，那什么是我真正想要的？

为什么那对我很重要？

我担心什么？

我实现了自己的全部潜力吗？

我完全发挥了自己的能力吗？

我现在的工作是否具有价值和成就感？

有哪些需求我努力想要实现但尚未实现？

…………

都说要做自己，但如果连自己是谁都不知道，怎么做自己呢？

只有认清自己，才能活出自己。

分享一个教练小技巧：第三者视角。

每当你处在一个两难情境或者艰难抉择中的时候，你可以静下来，闭上眼睛想一想：如果是你特别尊敬的导师，假设他面对这么糟的情况，他会怎么选择呢？

第三者的视角能带你从自己的困境中走出来，走到一个客观中正的位置上，可以更理性地看待这个情况。

"大女主"和"小女人"并不矛盾

我的一个朋友，刚刚转行时，面对新工作、新行业、新老板，各种不适，几乎陷入了抑郁。每天下班回到家，他经常在地库的车里坐着，不想上楼。

我猜如果他真的上楼跟老婆说"我很焦虑，我不确定自己是不是转错行了……"，他老婆未必会看不起他，所以，他不敢面对的究竟是他老婆，还是他自己呢？

我们经常认为：

"坚强"的人就不能表达"脆弱"；

"责任"和"自由"是互相矛盾的；

"家庭"和"成就"不可能同时拥有；

…………

这些本不应该是非此即彼的选择，也没有对错，它们应该是一种流动的关系。但我们总是被"二元对立"的思维蒙住了眼，看不到 A 和 B 之外还有 C 这个选择。

就好像很多人觉得女强人就得一天到晚绷着个脸，走路带风，不苟言笑。我们公众号小编刚入职不久的时候，有一次我跟她说着话，她摇着头说："你是我见过的第一个会撒娇的老板。你刚才那样说话，我鸡皮疙瘩掉了一地……"

对啊，我不但会撒娇，我还会教别人撒娇。

有一年夏天，我在甘肃给我支持的公益组织 EGRC 的优秀女大学生讲故事力。

一个女同学上来讲完自己的故事以后，我问她："你是不是从来不撒娇？"她一脸蒙，点着头说是，估计心想这跟讲故事有什么关系？

当然有关系，讲故事离不开情感，而撒娇就是一种感性的沟通方式。你不需要逢人就撒娇，但如果你知道"撒娇"是什么感觉，你就知道什么是"感性沟通"。

"感性"不是情绪化，从"女强人"到"强女人"，差的就是"感性沟通"。

于是，我即兴加了一个环节，教同学们"如何撒娇"。是的，对一个善于系统化总结的人来说，撒娇也是有方法论的。

面对如今越来越多的大女主，网上出现了很多声音，教育女人要撒娇、要示弱。还有人信誓旦旦地宣称"强势女人祸害多"，给出的理由说白了还是离不开三从四德。

我也认为女性需要适当示弱，但我在家示弱，并不是为了挽救男人的自尊，我在公司示弱也不是为了讨好员工。我一直认为，示弱是强者的特权。

正因为我是强者，所以我才不介意偶尔示弱。示弱是为了让我放下盔甲，让自己能轻装前行。而且，示弱的关键词是"示"，而不是真弱。

当我可怜巴巴地跟小编说："我赶紧给你写稿子去。"我是想让她感受到，她是当家的，这样她就更有主人翁精神。当我拖着哭腔跟老公说："我心情不好，你能陪我出去走走吗？"我并不是离了他自己就走不了，而是我想让他知道，我珍惜他的陪伴。

当"大女主"和做"小女人"一点都不矛盾。正因为我有小女人的一面，才让我能更酣畅淋漓地做大女主。

曾经有人形容著名产品经理梁宁是"椰子"，外面硬，里面软。她硬是有原因的。

有一次她请投资人去看她的项目，对方考察了她的公司运营后说："项目还行，但是你是一个女人，所以也就打个对折吧。"

那一天她第一次感受到了自己被孤立。她回家问父亲："要是你是投资人，你会投我吗？"

没想到亲爹立马斩钉截铁地回绝了："我当然不投你了，你是一个女人。"

为了不断地证明自己，她不得不变得越来越"强"，越来越"硬"，但后来，她也越来越意识到："逞强的本质是对示弱这件事没有安全感。花木兰仗打完了，回到家也要脱下铠甲。"

如果相信自己本来就强，就不需要逞强。善于低头的女人，才是最厉害的女人。

我不但会跟老公撒娇，还会跟儿子撒娇。有时候我假装生气，儿子就会跑过来哄我，让我感到满满的爱。

每当这时候，我心里既甜甜的，也酸酸的。我知道，早晚他会把这本事用在哄他女朋友身上。但更重要的是，我心里满满的骄傲——我知道，作为一个母亲，我为这个世界贡献了一个懂得珍爱女性、欣赏女性的暖男。

有一天，也许他也会为人夫、为人父，如果他的女儿来问他："爸爸，假如你是投资人，你会投我吗？"

我希望他能给出不一样的答案。

后记

不被定义的勇气

前两天，我终于去做了超声炮，据说提拉效果比超声刀还厉害。

疼吗？怎么说呢，感觉有点像往脸上打订书钉，不过对生过孩子的人来说，倒也不算什么。

回家我问老公："你看看，有啥变化吗？猜猜啥感觉？"他看了看说："没啥变化，就是花钱的感觉吧？"哎，有时候不得不说，直男的沟通虽然让人烦，但他们的逻辑的确棒棒的！

其实我并不傻，但我也实在想不出来还能送自己什么样的50岁生日礼物。50岁嘛，正式面对衰老，总得搞点仪式感来纪念一下。

富兰克林在谈到衰老时说过这样一段话："我想除了又老又胖，我并不那么介意变老。我应该不会拒绝从头到尾把生活再过一遍：只是希望获得唯有作家才有的特权，在再版的生活中修正初版的错误。生活的悲哀之处在于，我们总是老得太快，而又聪明得太慢。"

可惜生活没有再版，但对年轻的你来讲，人生还是初稿。这本书，就是我给 20、30、40 岁的你写的掏心窝的话。因为有些道理，如果早点知道，你不一定会更成功，但一定会活得更从容。

但是从知道到做到又是世界上最长的路，所以如果你看完了，还是不知道要怎么做，请一定要对自己耐心一点。

都说"三十而立，四十不惑，五十知天命"，我的版本不大一样，我"三十而丽，四十不甘心，五十知甜命"。

如果现在让我跟 20 岁的自己做个交换，我还真不一定想换。毕竟，那时候除了一脸的胶原蛋白，什么都没有。现在的我，除了一脸的胶原蛋白，什么都有了。

人老了，哪儿都下垂，但好歹智慧是随着年龄提升的。如果时光可以倒流，拥有今天智慧的我，很想回去跟 20、30、40 岁的自己，还有你说几句：

20 岁，很想抱抱那时候的你。年轻的时候，真的很没有安全感。你太渴望去适应社会了，总想把自己包装成别人可能会喜欢的模样，看我那时候的照片，穿得比现在还老。

但这就是 20 岁啊，不知道自己是谁，能做什么，不知道自己能找到什么样的伴侣，不知道会过上什么样的一生，有的只是无边无际的迷茫。

几年前，我和我老公回到我们相识的 MBA 校园。那天，看见躺在中心大草坪上晒太阳的学生，我突然忍不住站在那儿哇哇大哭起来。我哭的并不是逝去的青春，而是逝去的美好刹那。

念书的时候，我每天穿梭于教室、图书馆和打工的餐厅，心里想的就只是什么时候才能读完这该死的 100 页《商业法》，怎么才能找到地方实习。如果我那时候能放慢几分钟，也像这些学生一样躺在草坪上享受一下阳光，并不会影响到最终结果。

20多岁的我和你，活得太焦虑。

其实，亲爱的，真的不用急，人生那么长，你急什么呢？

日本设计师山本耀司曾经说过："自己这个东西是看不见的，撞上一些别的什么，反弹回来，才会了解自己。"

所以，20多岁的你，想要去了解自己，那就多读书、多交男朋友，勇敢地去冒险、去尝试，撞上的东西越多，你就越了解自己。无论怎样，你不会再有一次20多岁。

30岁，我觉得自己的脸似乎长开了，因为有了娃，也有了些许母性的光辉，且尚未染上老母亲的戾气。

30多岁，是女人刚刚开始变成女人的时候，是人生的转折点，这段日子过好了，后面的日子会越来越好。这个年纪的女人，已经找到了自己的立足之地，没有20多岁那么焦虑，但随着对自己越来越了解，却又有了新的烦恼。

"你是谁？"

"想去哪儿？"

"干什么？"

传达室大爷的这三个灵魂拷问，开始在我脑子里反复出现。我很庆幸自己在30多岁的时候开启了我的自我觉醒之旅。在那之前，我的人生一直都处在自动驾驶的状态。

我不愿只是轻松地融入，成为众人中面目模糊的那一个；不愿变得八面玲珑、口是心非；我不愿只能被时代操控，而不能自己掌控。30多岁，刚刚进入上有老、下有小的阶段，的确很辛苦。但我拼了命也要看清自己到底是谁，因此，37岁那年，我选择去英国读兼职的工商管理博士。说实话，7年下来，书并没读明白多少，但我明白了自己到底想要的是什么——想要过一个对得起自己的人生，想要成为不被定义的自己。

所以，我想对30岁的你说，如果你不想成为多数人，那就走少数人走的路——做难而正确的事情。只要你不放弃自己，没人会放弃你！

40岁，如果到了这时候，你开始思考：难道我这辈子就这样了吗？不甘心啊！我想恭喜你，你是一个对自己的人生负责的人。

我也想告诉你：不，这辈子不是就这样了，你还可以有很多样！

从事业的角度看，我觉得40岁才是女人在职场上最好的时候。如果能在30多岁提升自我认知，并积累了相当的专业或者管理经验，那么40岁正是一个女性大干一场最好的时机。

40岁，开始对自己越来越接纳、越来越包容，不再把对自己的不满撒在别人身上。我很幸运自己是在42岁开始创业的，否则，我不确定能不能禁得住创业和照顾娃的双重压力，不是我爆炸，就是他们爆炸，都不好看。

所谓"四十不惑"，并不是人生就没有疑惑了，而是不再纠结自己到底想什么。而想要什么并不是想出来的，而是干出来的。

所以，40岁的你，请不要再哀怨地说"我已经40岁了"，而是骄傲地说"我刚好40岁了"。摩拳擦掌，大干一场，去他的"职场天花板"，不要让年龄定义你！

50岁，如果你像我一样，成功走出35—45岁这段中年危机，无论是事业还是生活，无论是亲密关系还是亲子关系，在合适的季节，你做了足够的耕耘，那么 50 岁正是收获的年纪。

学到的要教出去，赚到的要给出去。这就是我在做的事。

你知道吗，我那天做完超声炮，照了照镜子，左看右看也没看出和没做有什么区别。

但医美大夫郑重地跟我承诺："效果最好的时候是在 3 个月之后，再等等！"我心想："嘿，这营销策略可太牛了！怎么我平时卖课的时候从来没想过要这么说呢？ 3 个月以后学习效果最好。"

但时间，的确是一个好朋友。

当你把时间当作朋友，就会把自己全然交出去，交给时间。在每一个当下，努力做好每一件事，享受每一个平凡的时刻，而不是总想和时间赛跑。

而当你酣畅淋漓地活了每一分、每一秒，就不会焦虑岁月的流逝。

无愧过往，不畏将来。因为你和时间同在。

时间早晚会回馈你，只要你坚持。

时间早晚会治愈你，只要你允许。

只有在时间里，我们才能遇到更好的自己。

这本书写得很辛苦，因为想要表达的太多，太迫切，掏心窝的话拼命地往外面掏，就希望哪怕一句话能给你带来一点点改变，能给你前行的路带来一丝丝光亮也好。

表达自我是一种脆弱的体验，但脆弱不是懦弱，而是明知自己不完美但还真实地展露自己；是明知每一段关系、每一个尝试都不确定，都有风险，但还是全心全意地投入进去。

脆弱有脆弱的代价，但也有它的回报。活出真实的自己就是最大的回报。

这本书是一个真实的女人，用真实的案例，跟你探讨真实的问题，希望帮你寻找属于自己的答案。

最后再次送上《脆弱的力量》中给我力量的一句话：

"我的确不完美，很脆弱，有时也会胆小，但这不能改变我勇敢、值得被爱、拥有价值感的事实。"

2023 年 1 月 22 日 于北京

图书在版编目（CIP）数据

不被定义 / 高琳著 . -- 长沙 : 湖南文艺出版社，2023.11

ISBN 978-7-5726-1468-2

Ⅰ . ①不… Ⅱ . ①高… Ⅲ . ①女性—成功心理—通俗读物 Ⅳ . ① B848.4-49

中国国家版本馆 CIP 数据核字（2023）第 187239 号

上架建议：成功·励志

BU BEI DINGYI
不被定义

著　者	：	高　琳
出 版 人	：	陈新文
责任编辑	：	匡杨乐
监　制	：	张微微
策划编辑	：	沈梦原
特约策划	：	汤曼莉
特约编辑	：	紫　盈
封面设计	：	昆　词
内文设计	：	潘雪琴
营销支持	：	胖　丁
出　版	：	湖南文艺出版社
		（长沙市雨花区东二环一段 508 号　邮编：410014）
网　址	：	www.hnwy.net
印　刷	：	三河市天润建兴印务有限公司
经　销	：	新华书店
开　本	：	875 mm × 1230 mm　1/32
字　数	：	206 千字
印　张	：	8.875
版　次	：	2023 年 11 月第 1 版
印　次	：	2023 年 11 月第 1 次印刷
书　号	：	ISBN 978-7-5726-1468-2
定　价	：	58.00 元

若有质量问题，请致电质量监督电话：010-59096394
团购电话：010-59320018